工信学术出版基金
Industry and Information Technology
Academic Publishing Fund

隐私计算
理论与技术

李凤华 李晖 牛犇◎著

U0377412

PRIVACY
COMPUTING
THEORY AND TECHNOLOGY

人民邮电出版社
北 京

图书在版编目（CIP）数据

隐私计算理论与技术 / 李凤华，李晖，牛犇著. --
北京：人民邮电出版社，2021.4（2022.12重印）
ISBN 978-7-115-56396-5

Ⅰ．①隐… Ⅱ．①李… ②李… ③牛… Ⅲ．①计算机
网络－安全技术 Ⅳ．①TP393.08

中国版本图书馆CIP数据核字(2021)第068427号

内 容 提 要

通信技术、网络技术和计算技术的持续演化与普及应用促进了"万物智慧互联、信息泛在共享"。用户数据频繁跨境、跨系统、跨生态圈交换已成为常态，隐私信息滥用治理难和保护手段缺失已成为世界性问题，个人信息保护已成为国家安全战略，亟须加强此领域基础理论研究，支撑泛在互联环境下个人信息保护，守护隐私信息。作者于2015年首次提出隐私计算概念及其研究范畴，本书是作者致力于隐私计算研究的原始创新科研成果，系统阐述了隐私计算基础理论与技术。本书首先介绍了个人信息与隐私保护的内涵，明确了隐私防护与隐私脱敏的学术范畴，并总结归纳了隐私保护技术的局限性及引入隐私计算研究的必要性；然后全面阐述了隐私计算的理论体系、基于隐私计算思想研究的若干隐私保护算法；最后展望了隐私计算的未来研究方向。

本书可作为网络空间安全和计算机领域的理论研究和工程技术开发参考书，也可作为研究生和高年级本科生的教学参考书。

◆ 著　　　　李凤华　李　晖　牛　犇
责任编辑　王　夏
责任印制　陈　犇

◆ 人民邮电出版社出版发行　　北京市丰台区成寿寺路 11 号
邮编　100164　　电子邮件　315@ptpress.com.cn
网址　https://www.ptpress.com.cn
北京捷迅佳彩印刷有限公司印刷

◆ 开本：700×1000　1/16
印张：12.5　　　　　　　　2021 年 4 月第 1 版
字数：211 千字　　　　　　2022 年 12 月北京第 9 次印刷

定价：109.80 元

读者服务热线：(010)81055493　印装质量热线：(010)81055316
反盗版热线：(010)81055315

序

当今信息技术日新月异，信息呈爆炸式增长，人类文明正在经历从信息科技（Information Technology，IT）时代到数据科技（Data Technology，DT）时代的飞速变革。新业态和新服务模式不断迭代演进，大型互联网公司在服务用户的过程中通过采集、存留、交换、衍生等手段积累了海量数据。在泛在网络环境下，数据频繁跨境、跨系统、跨生态圈交互在信息服务的推动下成为常态，进而加大了隐私信息在不同信息系统中有意或无意留存的可能性，隐私信息保护短板效应、隐私侵权追踪溯源难等问题随之而来，且愈发严重。为此，政府部门展现出对这一问题高度重视的姿态。例如，欧盟颁布的《通用数据保护条例》（General Data Protection Regulation，GDPR）强化了对被遗忘权、删除权的要求；我国颁布的《中华人民共和国民法典》将隐私保护纳入法律规定；中央网信办、工业和信息化部、公安部、市场监管总局四部门联合发布《关于开展 App 违法违规收集使用个人信息专项治理的公告》规范个人信息采集等。

为解决违背用户意愿过度使用或滥用个人信息的问题，隐私保护技术研究领域应运而生。学者们针对数据采集、位置服务、数据发布等不同应用场景提出了诸多解决方案，这些方案虽能在特定应用场景、特定假设条件下解决特定的隐私信息泄露问题，但当面对"万物互联"场景，尤其是大型信息服务系统的隐私泄露问题时，现有的隐私保护方案缺乏提供体系化的保护能力。例如，基于数据安全或脱敏的解决方案零散，没有从"计算"角度形成体系；缺乏面向全生命周期和多模态隐私信息的脱敏模型；隐私信息在泛在、不可预测地跨系统随机交换时不能受控共享；隐私保护效果缺乏统一度量；缺乏高效的隐私侵权判定和溯源机制；服务商和监管机构的主被动监管缺乏实现手段等。

本书作者长期从事信息保护方面的理论研究与工程实践工作，承担了该领域国家自然科学基金、国家重点研发计划等重要科研项目。为提出泛在互联环境下的隐私保护体系化理论与计算框架，本书作者在开展隐私保护科研工作过程中进行了有益的原始创新，通过对隐私保护的内涵进行梳理，明确将隐私保护分类为隐私防护和隐私脱敏两类，将隐私保护的"三权（知情权、被遗忘权、删除权）"扩充到"四权（知情权、被遗忘权、删除权、延伸授权）"，并率先提出了隐私计算理论和技术体系。作者将上述成果以及对隐私计算未来发展的认识和思考进行了系统的总结，并以此为核心形成了本书的内容。作者厘清了隐私计算的研究范畴、理论与计算框架，并深入浅出地阐述了为什么要研究隐私计算、什么是真正的隐私计算、如何研究隐私计算、隐私计算成果如何落地，以及隐私计算如何演化发展。因此，本书既有助于指导从事隐私计算研究与实践的读者，也有益于进一步吸引更多的学者和行业研究人员从事隐私计算的理论研究和技术研发。

本书作者从 2015 年发起并在国内外连续组织了 6 届隐私计算国际学术研讨会，并于 2018 年在中国中文信息学会中组织成立了隐私计算专业委员会，从而推动了国内隐私保护技术的研究。6 年来，作者努力探究和丰富隐私计算的内涵，不断完善隐私计算的理论和技术体系，隐私计算的框架愈发成熟，也得到了学术界和产业界的认同。我相信本书的出版有助于不断完善隐私计算理论和技术体系，从而进一步推动我国个人信息保护技术的发展和落地应用，进一步促进信息受控共享，为我国数字经济的健康发展、行稳致远保驾护航。

方滨兴

2021 年 3 月

前　言

信息技术的快速发展、新业态和个性化服务的不断演进，促使大型互联网公司在服务用户过程中积累了海量用户数据，其中包含有大量的隐私信息。隐私信息是指个人敏感信息，包括指纹、掌纹、虹膜、身份证号码、电话号码、住址、住房类型、居住时间、过敏信息、疾病和药品使用状况、犯罪信息、出行地、出行时间、监控录像、财务状况、交通工具、车辆识别码、信用记录、购买记录、品牌爱好、社交账号等。当前用户数据的频繁跨境、跨系统、跨生态圈交互已成为常态，加大了隐私信息在不同信息系统中有意或无意留存，但随之而来的隐私信息保护短板效应、隐私侵权追踪溯源难等问题越来越严重，给国家行政主管部门的测评与监管、个人信息流转管控，以及隐私信息保护等相关工作带来巨大挑战。

现有隐私保护技术大都聚焦于相对孤立的应用场景和技术点，解决特定应用场景中存在的具体问题，缺乏能够将隐私信息与保护需求一体化的描述方法及计算模型，并缺乏能实现跨系统隐私信息交换、多业务需求隐私信息共享、动态去隐私化等复杂应用场景下的按需隐私保护计算架构，无法满足复杂信息系统的隐私保护需求，导致电子商务、社交网络等典型应用场景下的隐私保护问题尚未得到根本性解决。

为此，2015 年，李凤华研究员、李晖教授、贾焰教授、俞能海教授、翁健教授等在国内外首次提出了隐私计算理论与关键技术体系，并于 2016 年在《通信学报》期刊正式发表。隐私计算是面向隐私信息全生命周期保护的计算理论和方法，是隐私信息的所有权、管理权和使用权分离时隐私度量、隐私泄露代价、隐私保护与隐私分析复杂性的可计算模型与公理化系统。具体是指在处理视频、音频、图像、图形、文字、数值、泛在网络行为信息流等信息时，对所涉及的隐私信息进行描述、度量、评价和融合等操作，形成一套符号化、公式化且具有量化评价标准的隐私计算理论、算法及应用技术，支持多系统融合的隐私信息保护。隐私计算涵盖了信息搜集者、发布者和使用者在信息产生、感知、发布、传播、存储、处理、使用、销毁等全生命周期过程的所有计算操作，并包含支持海量用户、高并发、高效能隐私保护的系统设计理论与架构。隐私计算是泛在网络空间隐私信息保护的重要理论基础。

本书针对泛在互联环境下的体系化隐私保护需求，基于作者在该领域多年深耕所积累的系列论文和专利，高度凝练并系统介绍了隐私计算理论及其关键技术，主要内容包括隐私计算框架、隐私计算形式化定义、隐私计算的重要特性、算法设计准则、隐私保护效果评估、隐私计算语言等内容，并展望了隐私计算的未来研究方向和待解决问题。结集出版本书是为了促进隐私计算被广泛研究与完善之举措，我们期待能指引泛在互联环境下的隐私保护、隐私侵权取证与溯源等方面的基础理论研究，并指导隐私保护相关的关键技术攻关、信息系统开发等工作。

全书共 5 章，主要内容如下。

第 1 章为绪论，阐述了用户数据、个人信息与隐私信息的定义、隐私防护与隐私脱敏技术的概念与区别、隐私保护的"四权"，并指出了隐私保护面临的技术挑战。

第 2 章阐述了隐私保护相关技术的发展现状，包括隐私防护技术、隐私脱敏技术、隐私保护对抗分析，以及隐私计算发展现状。

第 3 章详细阐述了隐私计算的理论体系，包括隐私计算定义、隐私计算关键技术环节与计算框架、隐私计算的重要特性、隐私智能感知与动态度量、隐私保护算法设计准则、隐私保护效果评估、隐私计算语言、隐私侵权行为判定与追踪溯源、隐私信息系统架构等内容。

第 4 章从概率论、信息论与隐私计算的关系角度阐述了隐私保护算法的基础理论，然后介绍了典型的隐私保护算法，包括基于匿名的隐私保护算法、基于差分的隐私保护算法和基于隐私-可用性函数的隐私保护算法，并结合图片共享场景介绍了隐私信息传播控制、跨系统交换的隐私信息延伸控制等内容。

第 5 章具体从隐私计算的基础理论、隐私感知与动态度量、隐私保护算法、隐私保护效果评估、隐私侵权行为判定与溯源等方面展望了隐私计算的未来发展趋势。

本书主要由李凤华研究员、李晖教授、牛犇副研究员完成，是作者多年来在隐私计算方面研究成果的高度凝练。第 1 章主要由李凤华、李晖等完成，第 2 章主要由牛犇、朱辉、李晖等完成，第 3 章主要由李凤华、李晖、牛犇等完成，第 4 章主要由李晖、牛犇、李凤华、朱辉等完成，第 5 章主要由李凤华、李晖、牛犇等完成。本书还包含了所涉论文、专利合作者的贡献，在编写过程中还得到孙哲、何媛媛、王新宇等博士，张文静、王瀚仪、尹沛捷、李效光、罗海洋、陈亚虹等博士生，杨志东、贺坤等硕士，毕文卿、张立坤等硕士生的协助，在此表示衷心感谢！感谢人民邮电出版社的大力支持，感谢为本书出版付出辛勤工作的所有相关人员！

本书的出版得到国家重点研发计划（No.2017YFB0802200）、国家自然科学基金（No.61932015、No.61872441、No.61672515、No.61502489、No.U1401251）、中国科学院青年创新促进会人才资助项目（No.2018196）的支持和资助。

本书仅代表作者对隐私信息全生命周期保护——隐私计算的理论与技术的观点。由于作者水平有限，书中难免有不妥之处，敬请各位读者赐教与指正！

李凤华

中国·北京

2021 年 2 月

目 录

第1章

绪论

通信技术、网络技术和计算技术的持续演化与普慧应用，促进了"万物智慧互联、信息泛在共享"。随着新业态的不断演化，用户数据频繁跨境、跨系统、跨生态圈交换已成为常态。用户数据中包含了大量的个人隐私信息，这些隐私信息在不同信息系统中有意或无意地留存，同时各个信息系统的数据保护能力和保护策略有很大差异，这些差异造成的某些系统短板效应导致隐私泄露的风险越来越突出。隐私信息保护手段缺失、隐私信息滥用难以治理等问题已成为世界性难题，个人信息保护已被列入国家安全战略范畴。

隐私保护虽然得到社会越来越多的关注和学者广泛的学术研究，针对不同场景的隐私保护技术也井喷式涌现，但是人们对于隐私保护的概念还存在不少认识误区和混淆，特别是数据安全与隐私保护易混淆。本章将阐述用户数据、个人信息与隐私信息的联系和区别，澄清数据保护、隐私防护与隐私脱敏的区别，指出隐私保护的"四权"，以及隐私保护所面临的技术挑战。

1.1 用户数据、个人信息与隐私信息

隐私保护应当涵盖隐私信息的全生命周期保护。若要全社会高度重视隐私保护并将隐私保护落到实处，应先明确个人信息和隐私信息的内涵，厘清用户数据、个人信息与隐私信息之间的联系和区别。

1.1.1　用户数据

数据通常是指一个或多个符号组成的序列。数据可以被观察、收集、处理和分析，数据通过解释和分析后成为信息。从信息论的角度来说，数据是信息的载体。数据可以被组织为多种不同的类型或者数据结构，比如列表、图、对象等。数据也具有多种模态，比如数字、文本、图像、视频、语音等。多模态数据在泛在网络环境中可以被跨境、跨系统、跨生态圈交换。

用户数据既可以是与个人相关的数据，也可以是与企业、组织、物体、环境等相关的数据。在万物智慧互联、信息泛在共享的时代，数据已成为一种战略资源，对个人、企业、社会乃至国家的利益和安全都至关重要。

1.1.2　个人信息

《中华人民共和国民法典》中定义的个人信息是以电子或者其他方式记录的能够单独或者与其他信息结合识别特定自然人的各种信息，包括自然人的姓名、出生日期、身份证件号码、生物识别信息、住址、电话号码、电子邮箱、健康信息、行踪信息等。

在欧洲和北美等地，个人信息大多指个人数据或个人可识别信息（Personally Identifiable Information，PII）。欧盟的《通用数据保护条例》（General Data Protection Regulation，GDPR）[1]中定义的个人数据是指与已识别或可识别的自然人（数据主体）相关的任何信息。可识别的自然人指可以直接或间接识别的人，尤其是通过诸如姓名、识别号、位置数据、在线标识符之类的标识符，或其特定身体、生理、遗传、心理、经济、文化或社会身份等一个或多个因素确定的自然人。

美国更多使用 PII 一词。美国联邦贸易委员会对与自然人相关的数据进行梳理统计，将个人信息分为 12 类、221 个属性字段，具体类别见表 1-1[2]。

表 1-1 美国联邦贸易委员会所做的个人信息分类

数据类型	属性字段
标识数据	姓名、住址（包含经纬度信息）等 7 项
敏感标识数据	社会安全号、驾照号码等 5 项
人口数据	年龄、身高、种族、宗教信仰、语言等 29 项
法院和公共记录数据	破产信息、犯罪信息、专业执照等 7 项
社交媒体和技术数据	接入方式、社交账号、使用的软件、上传的图片等 18 项
家庭和邻里数据	住房类型、居住时间、社区的人口结构、治安状况等 24 项
一般兴趣数据	兴趣爱好、偏好的体育活动、喜欢的明星、政治倾向等 43 项
财务数据	购买力、信用记录、贷款信息、可支配的收入等 21 项
车辆数据	品牌偏好、车辆识别码、倾向车型等 14 项
旅行数据	最后一次旅行时间、首选目的地、首选航空公司等 9 项
购买行为数据	购买种类、购买渠道、节日礼物、购买的服装尺寸等 29 项
健康数据	病痛和药品的搜索倾向、吸烟情况、过敏信息等 15 项

个人信息的数据记录包含不同字段，可以分为显式标识符、准标识符、敏感属性和非敏感属性。显式标识符是可以明显识别记录主体身份的属性集合，包括姓名、社会安全号、电话号码、身份证号码等信息。准标识符是组合起来可以潜在识别记录主体身份的属性集合，包括年龄、性别、邮编等信息。敏感属性则包含敏感的个人特定信息，如疾病、工资等。非敏感属性是不在上述 3 类中的其他所有属性。这 4 类字段的集合互不相交。

在信息服务的过程中，个人信息可能显式地存在于结构化的记录中，如医院的病历记录、学校的学生登记信息、公安部门的户籍信息、交通管理部门的车辆和驾驶员信息等，也可能存在于很多社交网络分享的微博、朋友圈、图片等非结构化的数据中。针对不同类型的数据记录识别、度量并保护用户的隐私信息是一个极其复杂和困难的问题。

1.1.3　隐私信息

《中华人民共和国民法典》定义隐私是自然人的私人生活安宁和不愿为他人知晓的私密空间、私密活动、私密信息。隐私信息是指个人信息中的敏感信息，是个人信息记录中的标识符、准标识符和敏感属性的集合。隐私反映了标识符、准标识符和敏感属性的关联关系。

隐私信息并不是一成不变，其具有一定时期内的相对稳定性、时空动态性两种典型特性。动态性通常随自然人的主观偏好、时间、场景的变化而变化。比如某些人愿意在社交网络中发布反映个人喜好的文字、照片等信息，认为这些不是隐私信息，因而隐私信息的动态性也具有主观性。时空动态性给隐私保护带来更大的技术挑战。

1.2　隐私防护与隐私脱敏

要促进隐私保护的理论和技术研究，有必要先厘清传统的数据安全与隐私保护的联系和区别。数据安全指保证数据的机密性、完整性、不可否认性、可用性，大多使用密码学、访问控制等方面的技术。数据安全技术保证被保护的数据具有可恢复性，即信息的无损性。用户数据包含隐私信息，因此数据安全技术自然而然也可以应用于隐私保护，本书将这类技术归类为隐私防护。然而，隐私保护是对隐私信息进行保护，因此应该要在保护的同时使隐私信息在泛在互联环境下具有部分可用性，同时要兼顾脱敏的强度和信息的可用性，使两者达到平衡。这是隐私保护要研究的核心内涵，也是隐私保护所需要的新理论和新技术。

本书将隐私保护技术分为隐私防护和隐私脱敏两类技术。隐私防护技术保护的隐私信息无失真并具有可逆性；隐私脱敏技术保护的隐私信息有失真且不可逆。隐私保护技术演化过程如图 1-1 所示。

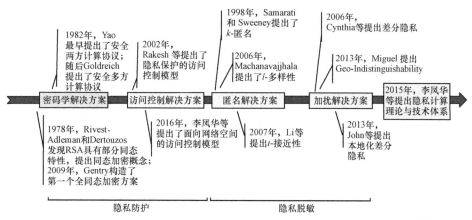

图 1-1　隐私保护技术演化过程

1.2.1　隐私防护

隐私防护技术通过加密、安全计算、访问控制等技术，保护隐私信息不被未经授权获取的实体访问，且具有可逆性。

1. 加密

加密是最常用的隐私防护技术。个人信息经过加密后传输、存储和共享，只有拥有解密密钥才能解密并访问。加密虽然保护了数据的安全性，但是对数据不能直接进行统计、处理、加工，会增加数据使用的复杂度。针对加密数据处理，当前学术界和产业界广泛关注的两条技术路线是同态加密和基于可信计算环境的机密计算。

同态加密指对密文进行函数计算 $f(E(x))$，解密后等价于对明文 x 进行相应的函数计算，即加密函数 $E(x)$ 和函数计算 $f(x)$ 可以交换顺序，$D(f(E(x))) = f(x)$。有了同态加密的支持，用户可以先将数据加密后交给云计算或者其他合作方，合作方对密文进行相应操作后，用户对密文解密得到对明文的计算结果。RSA[3] 和 Pailiar 算法[4] 分别具有乘法和加法同态的性质，但是通用的计算需要对加法和乘法同时具有同态性质。2009 年，

Gentry[5]提出了第一个全同态算法，引起了人们的广泛关注，激发了大量的后续研究。然而目前全同态算法的复杂度仍非常高，距离实际应用还存在较大的距离。

基于可信计算环境的机密计算聚焦计算过程中的数据保护。系统维护一个安全的空间，加密数据导入安全的内存空间后解密，对明文进行计算，调出空间时再加密。其他用户无法访问该安全的内存空间，这样就降低了数据在系统其他部分泄露的风险，同时保持对用户的透明性。特别是在多租户的公有云环境中，机密计算可保证敏感数据与系统堆栈的其他授权部分隔离。Intel SGX（Software Guard Extensions）是目前实现机密计算的主要方法，其在内存中生成一个隔离环境 Enclave。SGX 使用强加密和硬件级隔离确保数据和代码的机密性以防攻击，即使在操作系统、BIOS 固件被攻陷的情况下仍然可以保护应用和代码的安全。

2. 安全多方计算

安全多方计算（Multi-Party Computation，MPC）最早源自 Yao[6]提出的安全两方计算协议"百万富翁问题"。计算参与方在不泄露自身敏感信息的条件下合作完成一个计算问题。随着研究进展，安全多方计算已经有一些实用案例。波士顿妇女劳动力委员会于 2017 年使用 MPC 来计算 114 家公司166 705 名员工的薪酬统计数据[7]。出于隐私考虑，公司不会提供其原始数据，计算结果显示，波士顿地区的性别差距甚至比美国劳工统计局先前估计的差距还要大。为了计算从广告到实际购买的准确转换率，Google 计算了在线浏览商品广告的人员列表与实际购买商品的人员列表之间的交集大小。为了在不公开列表具体数据的情况下计算出该值，Google 使用了一种隐私保护求交集的协议[8]。尽管该协议效率还不理想，但其简单并且可以满足Google 的计算要求。

3. 访问控制

访问控制是实现隐私保护最重要手段。隐私保护的本质是将隐私信息在适当的时间、以适当的方式分享给被授权的实体。传统的访问控制系统中，权限是由系统管理者制定并实施，常用的访问控制策略包括自主访问控制、强制访问控制、基于角色的访问控制等。在隐私保护场景中，权限和访问控制策略基本是由数据所有者来设置。在社交网络、因特网服务等应用环境中，隐私信息往往会被好友转发，在不同服务商间跨系统、跨生态圈传播，因此延伸控制成为隐私保护场景中面临的最大问题。2016 年，李凤华等[9]提出了面向网络空间的访问控制模型和延伸控制模型。

加密也可以与访问控制相结合，基于属性的加密（Attribute Based Encryption，ABE）是一种有效地实现访问控制的加密方法[10]。在 ABE 中，用户拥有若干属性，每个属性分配一个公私钥对。当加密一个明文时，加密方根据访问控制策略，选取相应属性的公钥构造加密密钥，此加密密钥可对明文直接加密，或对明文的加密密钥进行加密；如果用户拥有符合访问控制策略对应的属性私钥时，选取相应属性的私钥构造解密密钥，类似地，就可以解密相应的密文。ABE 本质上是一个公钥加密体制，加解密速度比较慢。

1.2.2 隐私脱敏

隐私脱敏通过采用有失真且不可逆的方法对隐私信息进行保护，使脱敏后的信息无法与数据主体关联起来。隐私脱敏包括但不限于现有的对数据中包含的隐私信息进行泛化（Generalization）、抑制（Suppression）、解耦（Anatomization）、置换（Permutation）、扰动（Perturbation）等方法，未来还需要在隐私脱敏方面进行新的理论创新。隐私脱敏又常被称为隐私化或匿名化。

1. 泛化

泛化是将一类属性中的特定值用一个更宽泛的值代替。比如一个人年龄为 25 岁，可以将其泛化为 20~30 岁；一个人的职业是程序员或者律师，可以将其泛化为白领（脑力劳动者）。

2. 抑制

抑制是指发布信息时将某个属性、属性的值或者属性值的一部分以*代替。比如将手机号码表示为 135****3675，信用卡号码表示为 4392********。

3. 解耦和置换

解耦和置换都是去除准标识符和敏感属性间的关联性，而不改变准标识符或敏感属性的值。解耦是将原始记录表分为两个表发布，一个表发布准标识符属性，另一个表发布敏感属性，两个表只有一个相同的 GroupID 作为共有属性。置换是把一个数据记录集合划分成组，在组内对敏感值进行置换，从而打乱准标识符和敏感属性间的对应关系。

4. 扰动

扰动的主要思想是用合成的数据值取代原始的数据值。扰动后统计信息不发生显著改变，而且改变后的数据与真实数据主体失去关联性。扰动的主要机制包括加噪、数据交换、合成数据生成等。加噪主要用于数值型数据的隐私保护，从一个特定分布的噪声中生成噪声值添加到敏感值上。数据交换的主要思想是交换个人数据记录间敏感属性的值，可以保持统计分析的低阶频数统计或边沿分布。合成数据生成的主要思想是依据数据构建一个统计模型，然后从模型上采样取代原始数据。扰动因为简单、有效且可保持统计信息的特性，所以在统计发布控制中已经有很长的应用历史[11]。

在上述脱敏操作的基础上，发展出了一系列隐私脱敏模型和方法，包括 k-匿名[12]、l-多样性[13]、t-接近性[14]、差分隐私[15]、本地化差分隐私[16]等。在后续章节中会对其加以介绍。

1.3 隐私保护的"四权"

GDPR 对知情权、删除权、被遗忘权都做出了相关规定，其中知情权针对个人信息的采集和处理，删除权和被遗忘权针对个人信息的存储。随着 App 的普及应用，虽然知情权并没有落实到位且成为隐私信息超范围采集的根源，但已经被大家所广泛重视。在客观现实中，数据主体自愿提供部分隐私信息以获得个性化服务，但数据主体的删除权和被遗忘权是更值得关注的隐私保护问题，服务提供者对删除权和被遗忘权的忽视是隐私信息滥用的根源。在泛在互联环境中隐私信息被广泛交换和传播的情况下，本书作者提出的"延伸授权"则是确保隐私信息受控共享的核心准则，是平衡隐私脱敏和可用性的有效保障机制。

1.3.1 隐私信息的攸关方

隐私信息的攸关方是在隐私保护过程中隐私信息处理的参与方，具体包括以下 5 个方面。

（1）数据主体：指个人数据或个人信息的所有者。

（2）控制者：指决定隐私信息处理目的与方式的自然人或法人、公共机构或其他实体。

（3）处理者：指为控制者处理隐私信息的自然人或法人、公共机构或其他实体。

（4）接收者：指接收隐私信息的自然人或法人、公共机构或其他实体，不论其是否为第三方。

（5）第三方：指除了数据主体、控制者、处理者以及控制者或处理者直接授权的人之外，被授权处理个人数据的自然人或法人、公共机构、组织或其他实体。

1.3.2 知情权

知情权，要求控制者对个人信息进行收集和处理必须征得数据主体的同意，数据主体有权知道数据控制者如何处理、存储个人信息，个人信息从哪里得到、会转移给谁。当个人信息的处理目的、处理方式发生变更时，应当重新征得个人同意。个人信息处理者向第三方转移个人信息时，也应向个人告知接收者的身份、联系方式。接收者应该继续履行个人信息处理者的义务，如要变更，需要重新告知数据主体并征得同意。

1.3.3　删除权

删除权是数据主体有要求控制者删除其个人信息的权利。当数据主体撤回同意或者个人信息对与其被收集和处理的目的不再需要时，可以要求数据控制者删除相关数据。如果控制者已经公开数据，控制者应考虑采取包括技术措施在内的合理措施告知正在处理个人数据的其他数据控制者，数据主体已要求他们删除数据主体的个人信息，数据控制者和处理者应该采用确定且不可恢复的方式删除个人信息。

1.3.4　被遗忘权

被遗忘权是指当数据主体与控制者约定的保存期限已届满或者处理目的已实现，以及个人信息控制者或者处理者停止提供产品或者服务时，控制者或者处理者应该主动删除个人信息，即个人信息在被数据控制者或处理者保留一定时间后自动删除。

1.3.5　延伸授权

在社交网络应用中，广泛存在个人信息被好友跨朋友圈、跨系统二次以上转发等问题。因此在隐私信息传播过程中数据主体是否能对其个人信息跨系统交换进行延伸授权，实施延伸控制对隐私保护至关重要。在 GDPR 等国内外隐私保护相关法规中并没有提到延伸授权的要求，但在信息泛在共享的时代，延伸授权是确保隐私信息受控共享的基础。延伸控制是延伸授权的技术实现方法，是平衡隐私脱敏和隐私信息可用性不可缺少的有效机制。

虽然《中华人民共和国个人信息保护法》(草案)中要求了个人信息处理需要取得个人同意,个人信息的处理目的、处理方式和处理的个人信息种类发生变更的,应当重新取得个人同意,但在实际信息系统实现过程中,如果没有延伸控制机制的技术手段,法律的要求则很难落实。

1.4　隐私保护面临的技术挑战

因特网、移动互联网、物联网、云计算、5G、卫星通信等技术的发展催生了层出不穷的新型服务模式,隐私信息广泛跨系统、跨生态圈甚至跨境流动。从时间、场景、隐私信息构成的"三维空间"来看,任何一个隐私保护方案都是三维空间的一个"点",必须要在"三维空间"中形成一个时间上持续、场景上普适、隐私信息模态上通用的隐私保护算法体系,才能保障产业界隐私信息系统的稳定性,才能实现全周期、任意场景、任意隐私信息的保护。在世界范围内,针对隐私保护的研究虽然发表了成千上万的学术论文或解决方案,但为什么在实际应用中还未有效解决隐私保护的问题?这是因为隐私保护在理论上尚未解决体系化、可计算等方面的一系列技术挑战。

1.4.1　体系化的计算模型

要实现对隐私信息的全生命周期保护并且使其能够在泛在化的信息系统中落地实现,必须构建针对隐私信息保护的体系化计算模型,支持对隐私信息的度量和按需保护。

1. 隐私信息的感知和动态度量

隐私信息多维关联、场景变化且具有主观性,导致隐私认知动态变化。建立体系化的计算模型需要突破多样化数据隐私信息感知、隐私属性向量细粒度划分、隐私属性动态量化、多因素关联的隐私信息价值与泄露风险动态评估等关键瓶颈,解决海量数据中的隐私精准感知与隐私动态度量的时间复杂度问题。

2. 隐私按需保护和隐私保护机制的组合

针对应用场景变化、数据主体隐私保护需求差异、数据类型多样等特点，需要研究个人信息采集、处理和共享过程中隐私脱敏机制，场景适应的隐私脱敏策略，参数选择等关键技术；同时针对用户隐私偏好各异、隐私保护算法多样、保护程度需求差异等特点，充分考虑不同隐私算法的具体特性、多模态数据与隐私保护机制的关联性，探讨场景适应的隐私保护算法高效优化组合方法，突破隐私保护算法细粒度特性描述、算法组合特性刻画、多方隐私偏好冲突检测与消解等关键技术，实现针对不同类型数据中差异化隐私保护需求的多保护算法的自动优化组合。

1.4.2　隐私保护效果评估

针对不同隐私保护算法理论体系多样、应用需求和算法效果差异等特点，需要研究隐私保护效果的多维评估指标体系，提出场景适应的效果量化评估模型，突破可逆性、隐私性、可用性、代价关联的定性和定量效能评估，单一算法和组合算法的隐私保护性能极限估计，数据动态追加的隐私保护强度量化评估等关键技术，为算法效果评估和用户选择算法提供多维度量化支撑。

针对实际因特网应用中大数据大时间尺度、差异化来源、大样本空间、隐私保护算法效果差异和持续演进、脱敏信息仍存关联等特点，需要研究基于大数据分析的隐私保护效果评估方法，提出突破跨平台隐私相关背景数据精准采集、非显性隐私属性快速感知与标记、细粒度的数据拥有者隐私知识建模、多源场景内容交叉关联的隐私泄露检测、关联数据互信息贝叶斯统计推断等关键技术，基于大数据分析隐私挖掘实现对隐私保护效果的逆向评估。

1.4.3　隐私信息的延伸控制

GDPR 等法规中没有明确提及隐私的延伸授权，但在社交网络应用中广泛存在个人信息被好友跨朋友圈、跨系统二次以上转发等问题。针对社交应用场景多样、媒体中对象类型敏感程度差异、数据主体多元、平台隐私保护能力差异等特点，面向多主体数据跨平台流转、用户多次转发等对隐私控制的影响，充分考虑主体、对象、社交平台、隐私需求等要素对传播控制的影响，需要建立支持满足社交网络随机拓扑和多数据主体差异隐私保护需求的细粒度延伸控制机制，突破场景、时空、内容、权限等多要素约束条件的归一化描述，保护强度和约束条件跟随的延伸控制策略与媒体安全绑定，基于标记与交换审计的共享过程监测，数据跨平台流转的动态逻辑关系生成，主体相关数据对象隐私保护强度差异性刻画，数据跨域延伸控制策略归一化描述等关键技术，支撑社交应用中数据的有序受控共享。

1.4.4　隐私侵权的取证

针对隐私信息在多样性因特网应用中传播路径动态随机、隐私侵权隐蔽、证据时空分布碎片化等问题，应开展多元数据的侵权行为监控、处理全流程的侵权线索捕获与分析、数据异常共享行为判定与溯源等研究，突破跨域交换控制与违规判定、隐私侵权事件跨平台多维重构、虚拟身份定位等关键技术，实现对隐私侵权行为的精准追踪。

1.5　本章小结

在新业态不断演化过程中，用户数据频繁跨境、跨系统、跨生态圈交换造成隐私信息在不同信息系统中被有意或无意地留存。由各个信息系统的数据保护能力和保护策略的差异所造成的短板效应导致隐私泄露的风险越来越突出，隐私信息保护手段缺失、隐私信息滥用难以治理等问题已成为世界性难题。隐私保护可分为隐私防护和隐私脱敏两类。面对信息广泛跨系统受控共享的情况，实际更需要的是能够保证实现"隐私四权"的隐私脱敏技术。目前针对隐私保护已经有很多方案被提出，但在实际应用中仍未有效解决隐私保护的问题，需要建立一个新的、完善的隐私信息全生命周期保护的理论体系，才能支撑信息系统中的隐私保护。李凤华等[17]提出的隐私计算正是针对实际应用中隐私保护问题的解决方案，后续章节将围绕隐私计算进行详细阐述。

参考文献

[1] General data protection regulation[EB]. 2018.

[2] Federal Trade Commission. Data brokers: a call for transparency and accountability[R]. (2014-05) [2021-03-02].

[3] RIVEST R L, ADLEMAN L, DERTOUZOS M L. On data banks and privacy homomorphisms[J]. Foundations of Secure Computation, 1978, 4(11): 169-179.

[4] PAILLIER P. Public-key cryptosystems based on composite degree residuosity classes[C]//International Conference on the Theory and Application of Cryptographic Techniques. Berlin: Springer, 1999: 223-238.

[5] GENTRY C. A fully homomorphic encryption scheme[M]. Stanford: Stanford University, 2009.

[6] YAO A C. Protocols for secure computations[C]//IEEE 23rd Annual Symposium on Foundations of Computer Science. Piscataway: IEEE Press, 1982: 160-164.

[7] LAPETS A, JANSEN F, ALBAB K D, et al. Accessible privacy-preserving web-based data analysis for assessing and addressing economic inequalities[C]// Proceedings of the 1st ACM SIGCAS Conference on Computing and Sustainable Societies. New York: ACM Press, 2018: 1-5.

[8] ION M, KREUTER B, NERGIZ E, et al. Private intersection-sum protocol with applications to attributing aggregate ad conversions[J]. IACR Cryptology ePrint Archive: Report, 2017, 7: 738.

[9] 李凤华, 王彦超, 殷丽华, 等. 面向网络空间的访问控制模型[J]. 通信学报,

2016, 37(5): 9-20.

[10] SAHAI A, WATERS B. Fuzzy identity-based encryption[C]//International Conference on Theory & Applications of Cryptographic Techniques. Berlin: Springer, 2005: 457-473.

[11] ADAM N R, WORTHMANN J C. Security-control methods for statistical databases: a comparative study[J]. ACM Computing Surveys, 1989, 12: 515-556.

[12] SWEENEY L. k-anonymity: a model for protecting privacy[J]. International Journal of Uncertainty Fuzziness & Knowledge Based Systems, 2002, 10(5): 557-570.

[13] MACHANAVAJJHALA A, GEHRKE J, KIFER D, et al. l-diversity: privacy beyond k-anonymity[C]//IEEE 22nd International Conference on Data Engineering. Piscataway: IEEE Press, 2006: 24.

[14] LI N, LI T, VENKATASUBRAMANIAN S. t-closeness: privacy beyond k-anonymity and l-diversity[C]//IEEE 23rd International Conference on Data Engineering. Piscataway: IEEE Press, 2007: 106-115.

[15] DWORK C. Differential privacy: a survey of results[C]//International Conference on Theory and Applications of Models of Computation. Berlin: Springer, 2008: 1-19.

[16] DUCHI J C, JORDAN M I, WAINWRIGHT M J. Local privacy and statistical minimax rates[C]//IEEE 54th Annual Symposium on Foundations of Computer Science. Piscataway: IEEE Press, 2013: 429-438.

[17] 李凤华, 李晖, 贾焰, 等. 隐私计算研究范畴及发展趋势[J]. 通信学报, 2016, 37(4): 1-11.

第2章
隐私保护相关技术发展现状

信息技术的快速发展、新业态和个性化服务的不断演进，促使用户数据频繁跨境、跨系统、跨生态圈交互，加大了隐私信息在不同信息系统中留存，扩大了隐私信息泄露的风险。随之而来，隐私保护受到社会越来越多的关注，广大学者也开展了广泛的学术研究，针对不同场景的隐私保护技术井喷式涌现。本章将从隐私保护技术演化的角度对研究现状进行梳理和总结，主要介绍隐私防护技术、隐私脱敏技术、隐私保护对抗分析等。通过阅读本章，读者能体会到隐私计算的提出是隐私保护技术演化的必然。

2.1 隐私防护技术

隐私防护技术主要是通过数据加解密、同态加密、安全多方计算、访问控制和可信计算等方法保护隐私信息不被未经授权获取的实体访问，经过隐私防护技术保护后所得的信息通常具有可逆性。

2.1.1 同态加密

同态加密可以对加密状态的数据直接进行各种操作而不会影响其保密性。Rivest 等[1]于 1978 年首次提出全同态加密的概念，并给出了同态加密的 4 个方案；1999 年，Paillier[2]设计了基于复合模数的加法同态加密算法，该算法在信息安全业内得到了广泛认可和应用[3-4]；2009 年，Gentry[5]利用理想格首次给出了全同态加密方案的构造，并对全同态加密做了详尽的研究；Dijk 等[6]在Gentry 方案的基础上提出了整数上的全同态加密体制；Bost 等[7]在同态加密的基础上构造了多种机器学习方案。尽管很多改进的同态加密方案被不断提出[8-9]，但由于同态加密运算需要大量的计算资源，使其并不适用于海量服务数据场景的隐私保护。

2.1.2　安全多方计算

安全多方计算可以解决一组互不信任的参与方之间协同计算的数据保护问题。安全多方计算自 20 世纪 80 年代诞生以来就一直在密码学中占据重要地位，并得到了学术界和产业界的持续关注，无论是在理论研究[10-12]还是在实际应用[13-14]中均取得了较大进展，可广泛应用在数据挖掘、数据库查询、科学计算、几何或者几何关系判断、统计分析等诸多计算领域的数据安全保护中。然而，尽管通用安全多方计算[15]原则上可以实现任意协同计算，但这些方案在实现时普遍存在资源消耗过大、处理速度慢、移植性较差等缺陷。

2.1.3　访问控制

数据的访问控制是对交换后数据的访问权限进行控制。针对海量多源异构数据的授权和延伸控制研究主要包括权限分配、权限自动调整和权限延伸控制等方面。

1. 权限分配

目前学术界的研究重点是云环境下基于属性的权限分配。针对公共云存储环境下单属性授权中心的单点瓶颈和低效率问题，Xue 等[16]设计了基于多属性授权中心的授权框架，实现了安全高效授权。针对云存储环境下权限动态变更导致的密文频繁更新问题，王晶等[17]提出了面向云存储的动态授权访问控制机制，从而降低了密文更新代价，提高了授权的灵活性。针对授权方不可信或遭受恶意攻击的权限分配问题，关志涛等[18]提出基于属性加密的多授权中心权限分配方案，提高系统授权效率。针对设备类型多样、用户身份多元等特点，Saxena 等[19]设计了基于属性的授权方案，大幅降低了通信和计算开销，但该方案未考虑授权过程的错误检测与容错性。基于 KP-ABE（Key-Policy Attribute-Based Encryption），考虑用户关系动态变化，Zhang 等[20]提出了权限动态分配方案。现有权限分配主要针对单域信任体系内授权，未考虑多信任体制下的权限分配，而且当前权限分配主要依据单一控制要素，未考虑传播路径等要素对权限分配的影响。

2. 权限自动调整

目前访问权限自动调整主要包括两类：基于风险的权限调整和基于时间的权限调整。基于风险的权限调整中，首先依据用户场景，定义数据访问所面临的风险指标；而后计算权限调整前和调整后所带来的风险，当风险小于预定阈值时，可调整访问权限[21-24]。基于时间的权限调整方案中，首先设定用户仅在某个时间域内对数据的访问权限，且在系统执行过程中，一旦超出预定时间域，系统自动检测并撤销或调整已分配权限[25-26]。此外，Yan 等[27]将上下文感知的信任与声誉评估集成到加密系统，提出了基于信任的访问控制方案，支持访问权限随策略动态变化而调整。综上，现有访问权限的调整主要基于风险和时间等要素，尚未做到权限随访问场景变化而自适应调整。

3. 权限延伸控制

目前的研究主要聚焦于两方面：基于起源的访问控制（Provenance-Based Access Control，PBAC）和策略粘贴技术。其中，PBAC 将起源数据作为决策依据，保护起源敏感资源；策略粘贴采用密码学技术将访问控制策略绑定到数据中，确保随数据流转。在 PBAC 方面，Sandhu 团队[28-29]做出了一系列开创性工作，给出了形式化策略规约语言和模型、动态权责分离方案和实施框架。在策略粘贴技术中，Pearson 等[30]和 Spyra 等[31]使用加密机制将策略与数据相关联，并对策略进行属性编码和匿名化处理以防被恶意利用，为全生命周期内数据访问控制提供支持。但这些工作未限定使用哪些要素制定控制决策，未考虑审计信息，不能做到对数据非授权操作的溯源。

2.1.4　可信计算

可信计算是一种以硬件安全机制为基础的主动防御技术，它通过建立隔离执行的可信赖的计算环境，保障计算平台敏感操作的安全性，实现了对可信代码的保护，达到从体系结构上全面增强系统和网络信任的目的[32]。学术界与工业界普遍认为可信计算的技术思路是通过在硬件平台上引入可信平台模块（Trusted Platform Module，TPM）提高计算机系统的安全性。同时，我国也对应提出并建立了可信密码模块（Trusted Cryptographic Module，TCM）[33]。然而由于信息安全应用需求的不断变化，基于 TPM 或 TCM 的信任链方案已经不能满足现实场景中的应用需求，信任链传递方案存在安全隐患，无法抵御针对度量过程的时间差攻击，并且 CPU 与内存均可能被攻击。因此各种改进方法也相继被提出，如通过提供动态测量信任根（Dynamic Root of Trust for Measurement，DRTM），操作系统通过特殊指令创建动态信任链[34]，通过主板改造等方式增强 TPM 和 TCM 的主动度量能力[35]，通过可信平台控制模块（Trusted Platform Control Module，TPCM）主动监控平台各组件的完整性和工作状态[36]等。然而，受限于芯片和主板等硬件设计和制造能力，使用传统硬件对 TPM 和 TCM 进行加强的方案不尽人意。

为解决 TPM 和 TCM 在设计和应用中表现出的多种问题，可信执行环境（Trusted Execution Environment，TEE）应运而生，通过扩展通用 CPU 的安全功能，在其特殊安全模式下增加内存隔离、数据代码加密及完整性保护等安全功能，使 TPM 和 TCM 可以主动监控、度量和干预主机系统[37]。其中，ARM 公司的 TrustZone 是 TEE 的典型代表，它被设计为在系统加电后优先获得控制权，并对后续加载的启动映像进行逐级验证，以获取比主机更高的访问和控制权限，达到为计算平台提供一个隔离于平台其他软硬件资源的运行环境的目的。具体来说，在 TrustZone 运行中，物理处理器能够在常态和安全态两种模态之间切换，其中常态运行主机系统，安全态则运行 TEE 系统，负责模态切换的是 TrustZone 的扩展指令——安全监控指令（Secure Monitor Call，SMC）。随后，Raj 等[38]提出了基于 TrustZone 实现固件化 TPM 的方案 fTPM，采用了嵌入式多媒体记忆卡（Embedded Multi Media Card，eMMC）存储器作为 TPM 的持久安全存储设施，以满足 TrustZone 对 TPM 在功能上的支持，限制了密码计算的规模，并修改 TPM 规范的部分语义以适应 TrustZone。董攀等[39]则提出了基于 TEE 的主动可信 TPM/TCM 方案，通过使用分核异步系统架构解决独立可信运行和主动可信安全监控问题，基于物理不可克隆函数（Physical Unclonable Functions，PUF）安全存储机制和基于通用唯一识别（Universally Unique Identifier，UUID）的 TEE 安全通信机制解决了 TEE 环境下可信平台模块的存储安全和通信安全问题。

综上，可信计算仅为隐私信息处理提供一个可信赖的计算环境。

2.2　隐私脱敏技术

泛在互联环境下，数据所有者（数据主体）、数据控制者和数据处理者分离，在不同信息系统之间或不同管理者之间交换隐私信息时，为了实施有效的隐私保护，脱敏是最好的解决方式。

隐私脱敏技术是通过特定策略修改真实的原始数据，让数据存在部分失真，使攻击者无法通过发布后的数据来获取真实信息，进而达到隐私保护的效果。目前隐私脱敏技术主要分为 3 类：基于匿名的隐私脱敏、基于差分的隐私脱敏和基于信息论的隐私脱敏。

2.2.1　基于匿名的隐私脱敏

基于匿名的隐私脱敏主要包含了 k-匿名[40-41]、l-多样性[42-43]和 t-接近性[44-45]等多种匿名化技术，通过将用户的原始数据进行泛化、抑制、置换等方式实现隐私信息的保护，其中 *l*-多样性和 *t*-接近性是 *k*-匿名的衍生技术，通过对敏感属性种类的多样化，以及对敏感属性确保在各个匿名的等价类分组中的分布与全体记录分布保持邻近关系来提高匿名效果，从而更好地保护用户的隐私信息。随着移动互联网和云计算技术的发展，基于位置的服务（Location-Based Service，LBS）已成为最普及的应用，用户通过上报自己的位置，查询所在位置周边感兴趣的服务内容，其中包含了用户的位置隐私、兴趣爱好隐私等。下面结合位置服务中隐私保护重点介绍匿名技术应用的研究现状。

1. 基于泛化、抑制等匿名技术的轨迹隐私保护方法

泛化的基本思想是将轨迹上所有的采样点都泛化为对应的匿名区域，使攻击者无法获得准确位置。该方法中最有效的就是轨迹 *k*-匿名技术。2020 年，Tojiboev 等[46]提出了一种通过在矢量网格环境中添加噪声轨迹的匿名轨迹数据库发布模型，该方案致力于提高轨迹数据效用，优点在于不仅保证了匿名数据库具有较高的数据利用率，而且具有较低的时间复杂度。2019 年，Wang 等[47]提出了一种实现轨迹 *k*-匿名隐私保护的位置重组机制（Location Reorganization Mechanism，LRM），该机制引入概率相似性和地理相似性来合成满足基本轨迹和采样轨迹隐私保护要求的伪轨迹，达到了能够有效地保护基本轨迹和采样轨迹的隐私性的目的。

抑制的基本思想是在轨迹数据正式发布之前，剔除或删去现有轨迹中的用户高频率访问位置或一些敏感位置。2020 年，根据用户的隐私偏好，Naghizade 等[48]提出了一种通过时空扰动自适应地保留轨迹语义的算法，该算法要么用来自同一轨迹的移动来代替轨迹的敏感停止点，要么在同一路径上找不到安全兴趣点（Points of Interest，POI）时引入最小绕道，其优点在于原始的轨迹被尽可能地保留下来，同时又保护了中间敏感的停止点，防止对手对敏感停止做出推断来保护隐私。2019 年，Chen 等[49]提出了一种基于

三维网格划分的轨迹隐私保护方法，该方法在每个 3D 单元内进行轨迹间的位置交换或删除不满足条件的子轨迹的极少数位置，而非整个轨迹，有效减少了轨迹匿名过程中的信息丢失。2018 年，Dai 等[50]提出了一种有效的个性化轨迹隐私保护方法，该方法通过合理替换敏感停止点后的轨迹重构，尽可能地提高轨迹数据的语义一致性和形状相似性，可实现对轨迹数据的隐私保护，达到了在离线轨迹发布场景下能够较好地平衡用户自定义隐私需求和数据可用性的目的。

对位置信息进行泛化、抑制等使攻击者很难识别用户的精确位置。当用户连续释放其扰动位置时，现有的匿名方案可能无法保护用户敏感的时空事件，例如"上周去过医院"或"每天早晨和下午有规律地在位置 1 和位置 2 之间通勤"（这很容易推断位置 1 和位置 2 可能是家庭和办公室）。Cao 等[51]演示了攻击者可以从这一系列位置甚至是受保护的位置中推断敏感时空事件的准确性，即使一些最新的保护机制也不能完全保护时空事件的隐私。

2. 基于虚假数据的位置和轨迹隐私保护方法

在基于虚假位置的方法中，每个用户的查询都将与预先构造的一组伪查询一起提交，从而使不受信任的服务器端很难识别用户的真实位置。基于虚假位置方法的安全性主要取决于虚假位置构造的质量，因为它经常受到基于特征分布的攻击威胁，从而导致安全性较差。CoPrivacy[52]通过用户之间的协作形成匿名组，匿名组内的用户使用该组的匿名中心代替真实位置发出查询，并增量地从服务器获得近邻查询结果。组内成员通过近邻查询结果与自身位置之间的距离计算得出精确的查询结果。此外，k-匿名通常与基于虚假位置的方法结合使用以衡量隐私保护的效果，但是它实际上只是一种隐私度量，其有效性还取决于假名或虚假位置的构造质量。但是，现有虚假位置产生算法仅考虑对手已知有限的背景信息，这在实践中可能会面临更严峻的挑战。Shaham 等[53]结合了基于用户连续位置变化的新背景信息，提出了一种新的度量标准即过渡熵，用于研究位置隐私保护，然后提出了两种算法来改善产生虚假位置算法的过渡熵。之前所提的大多数隐私保护方案很少关注位置的语义信息。但是，语义可能会泄露移动用户的敏感信息。为解决这一问题，Li 等[54]提出了一种新的框架 PrivSem，该框架集成了位置 k-匿名性、分段语义多样性和差异隐私，以保护用户的位置隐私免受侵权。Gedik 等[55]提出了一种个性化的 k 匿名隐私保护方案，用户可以根据自身所能容忍的最小匿名程度和最大时空关联性对隐私保护算法中的参数进行设定。另外一个个性化的 k-匿名隐私保护方案 Caspe[56]中的匿名中心位于可信服务器中，根据每个用户的隐私概况设置隐私保护的需求，利用非完全金字塔结构的数据结构降低系统开销。

隐私保护的位置服务由于修改了提交给服务器的每个查询请求，因此有时会损害位置服务的准确性。而且匿名方法通常需要一个可信的第三方，从而容易导致性能瓶颈和隐私瓶颈。

针对轨迹隐私保护，可以依据用户真实轨迹的某些信息点构建一条或多条虚假轨迹，降低用户隐私泄露的风险。2020 年，Zhao 等[57]提出了一种基于生成安全起点和终点的隐私保护轨迹发布方法，该方法可以运用一种双向虚拟轨迹生成算法来生成攻击者在背景知识下难以检测到的 $k-1$ 条路径，其优点在于安全起点和终点候选集的生成不依赖可信的第三方，而是取材于大量用户个人的数据，使生成的匿名轨迹在保持较高的轨迹相似性的同时，还可以保证轨迹隐私的安全性。Tu 等[58]将 k-匿名技术和 l-多样性、t-接近性技术进行结合运用设计了隐私保护算法，该算法在用户的连续轨迹中抵御攻击者的语义攻击以及身份重认证攻击，可实现高强度的隐私保护。

3. 查询内容隐私保护

如果用户匿名集中的所有查询都具有相同的服务属性值，那么查询内容的隐私将被泄露。为此，Xiao 等[59]提出在隐私数据中应用众所周知的 l-多样性原则。具体地，用于发送请求的隐藏区域必须包括具有不同服务属性值的多个查询，这些服务属性值被分类为敏感和不敏感。在连续查询场景中，除了要求用户循环利用的匿名集具有一致性外，还必须维护一组相同的服务属性。因此，Dewri 等[60]利用 m 不变性的原理来产生隐藏区域，尽管方法有效，但是该技术需要可信的第三方。而且，该技术会产生更大的隐藏区域并且需要更多的匿名化时间。Sei 等[61]将 l-多样性和 t-接近性技术进行结合，提出了模型$(l_1,\cdots,l_q)$-diversity 和模型$(t_1,\cdots,t_q)$-closeness，分别从数据拥有者和数据使用者的角度，可实现对用户敏感属性的多层级划分，最后通过匿名算法实现对用户敏感信息的保护。

基于匿名的隐私保护技术难以抵御具有背景知识的攻击者发起的关联分析攻击，同时对于大规模数据集实现完善匿名是 NP 问题，且伴随很大的数据失真，严重降低数据的可用性。

2.2.2　基于差分的隐私脱敏

1. 全局化差分隐私和本地化差分隐私

基于匿名的隐私脱敏无法对用户隐私信息提供语义安全，Dwork[62]提出一种不依赖于攻击者背景知识的隐私保护技术，即差分隐私技术。相比于传统的密码学技术，差分隐私具有成本低、算法简单，并且可以对用户的隐私信息提供语义安全的特点，因此差分隐私保护技术很快成为隐私保护领域的研究热点，吸引了大量研究者的关注。对于差分隐私的研究目前主要集中在两个方向：集中式数据模型和本地化数据模型。集中式数据模型是由控制者收集数据并对数据进行统一的差分隐私保护处理，包括交互式与非交互式。其中，交互式是指数据分析人员通过数据控制者提供的差分隐私应用程序接口（Application Program Interface，API）来查询由数据控制者提供的差分隐私保护的统计数据；非交互式差分隐私是指数据控制者在提前不知道数据分析任务时，使用差分隐私算法扰动整体数据集，并将差分隐私数据集直接公开以供数据分析人员使用。本地化数据模型是指由用户执行差分隐私保护算法，在客户端完成差分隐私数据保护后再将数据传递给数据控制者。本地差分隐私保护技术之所以被工业界和学术界广泛认可，是因为其不需要依赖于可信第三方数据控制者，用户数据的收集只涉及数据加噪版本，原始真实数据完全被保护在本地设备，这既解决了用户对个人隐私数据不能自主控制的问题，也降低了大量隐私数据在非可信第三方存储的隐私泄露风险。

本地化差分隐私由 Duchi 等[63]提出，目前在苹果和 Google 的数据收集算法中都使用了本地化差分隐私技术。苹果的 iOS 10 系统以及 MacOS 中部署了差分隐私算法，用于收集经过保护的用户输入数据来分析用户习惯[64]；Google 在客户端 Chrome 中部署了 RAPPOR 算法[65]，用于收集隐私保护的用户数据。为了提高数据的可用性，Dwork 等[66]在 ε-差分隐私和(ε, δ)-差分隐私的基础上，提出了集中式差分隐私（Centralized Differential Privacy，CDP），在相同的隐私预算情况下，CDP 提供的数据可用性更高并且可以支持多次查询而不会泄露用户隐私信息；Soria-Comas 等[67]提出了个人化差分隐私，有效降低了需要保护用户隐私信息所需的噪声，提高了数据的可用性。为了解决传统差分隐私定义中没有解决的数据相关性问题，Yang 等[68]提出了贝叶斯差分隐私，通过贝叶斯网络来描述有相关性的数据，可解决传统差分隐私对相关性数据噪声过大的问题。

2. 差分隐私在机器学习中的应用

基于扰动的差分隐私保护方法计算复杂度较低，提高了在大数据挖掘和机器学习领域的应用效率，且提供了更明确的隐私保证和更规范的数学证明。He 等[69]直接在原始数据上加入高斯噪声；Osia 等[70]在神经网络提取出的特征上添加噪声。此外，还可以仅针对用户指定的或由识别网络自动检测到的敏感特征进行扰动或屏蔽[71-72]。Shokri 等[73]最先利用差分隐私机制设计了一种隐私保护的分布式学习方法，在他们的方法中，隐私损失是根据模型的参数计算得到，由于存在许多模型参数，因此可能会导致巨大的隐私损失。在此基础上，

Abadi 等[74]对其进行了改进，引入了一种更高效的基于差分隐私的梯度下降算法，相较于 Shokri 等[73]的算法，该算法具有更小的隐私预算和更好的性能。此外，他们还引入了一种隐私损失记录方式，称为 Moment Accountant，以对隐私损失进行自动化计算。

Wei 等[75]提出了一种基于差分隐私概念的联邦学习框架，在模型聚合前向客户端的参数中加入满足差分隐私的噪声，并且给出了模型损失函数的理论收敛界。单纯应用安全多方计算易受隐私推理攻击，单纯应用差分隐私在各客户端数据量相对较小的情况下会导致精度较低。因此，Truex 等[76]提出了一种替代方法，将差分隐私与安全多方计算相结合，随着联邦学习参与方数量的增加而减少噪声注入，以此平衡隐私与准确性。

随着人工智能的迅猛发展，机器学习得到了广泛的关注。当训练数据集包含个人敏感信息时，模型参数可能会编码私人信息由此产生隐私泄露的风险。近年来，共享和发布预训练模型的趋势进一步加剧了此类隐私风险。差分隐私作为常见的隐私标准已被应用于各种机器学习算法中，例如逻辑回归[77]、支持向量机[78]和风险最小化[79]，旨在限制所发布模型可能会泄露训练数据的隐私风险。在 DPSGD 的基础上，Yu 等[80]提出了一种基于差分隐私的方法来训练神经网络，所提方法采用 CDP 对两种不同的数据批处理方法进行了正式和精细的隐私损失分析，同时在训练的过程中采用了动态隐私预算分配的方法，以提高模型的准确性。Nasr 等[81]指出现有的将差分噪声添加到梯度中实现差分隐私的方法会导致训练模型的准确性大大降低，为了解决这一问题，Nasr 等所利用的关键技术是对梯度进行编码，以将其映射到较小的向量空间中，从而获得针对不同噪声分布的差分保证，由此进一步实现了对于目标隐私预算中最能保证模型准确性的噪声分布的选择，除此之外，Nasr 等还利用了差分隐私的后处理特性进行降噪，从而进一步提高了训练模型的准确性。

将差分隐私用于机器学习的目标通常是限制攻击者从模型中推断出有关个人训练数据的内容。为了获得较好的模型可用性，隐私保护机器学习的实现通常会选择较大的隐私预算，但人们对这种选择的影响了解甚少。
Jayaraman 等[82]通过 Logistic 回归和神经网络模型量化了这些选择对隐私的
影响，宽松的隐私预算减少了提高可用性所需的噪声量，同时也增加了隐私
泄露的风险。相比于一般的机器学习模型和深度学习网络，生成对抗网络使
用了较复杂的网络结构，因此它会很容易地记住所使用的训练数据，所以如
果将生成对抗网络应用于个人敏感数据时，可能会泄露一些敏感的信息。为
了解决这个问题，Xu 等[83]提出了一种基于差分隐私的 GANobfuscator，它
通过在学习过程中为梯度添加经过精心设计的噪声，实现了满足差分隐私的
生成对抗网络。借助 GANobfuscator，分析人员能够为任意分析任务生成无
限量的合成数据，而不需要泄露训练数据的隐私。此外，Papernot 等[84]观察
到激活函数的选择对于限制隐私保护深度学习的敏感性至关重要，并通过分
析和实验证明了有界激活函数的一般家族（tempered sigmoid）如何始终优
于无界激活函数（如 ReLU）。所以，在机器学习中保护隐私的方法除了在
训练过程中加入差分噪声的方法外，也可以选择一些有利于保护用户隐私的
模型架构。

3. 差分隐私在数据发布隐私保护的应用

在交互式数据发布技术方面，最先应用的是 Dwork 等[85]提出的拉普拉
斯机制，该机制通过对每一次的查询结果加入拉普拉斯噪声实现差分隐私保
护，但查询次数有限。随后 Roth 等[86]提出了一种能够响应更多次查询的中
位数机制，该机制将查询分成"难查询"和"易查询"，"难查询"的结果由
独立的拉普拉斯机制得到，"易查询"的结果则是先前查询答案的中值。"易
查询"不消耗隐私预算，因此可以进行更多次数的查询。Hardt 等[87]提出了
另一种可以提高查询次数的机制——隐私乘法权值（Private Multiplicative
Weight，PMW），每一次查询操作都会将加过拉普拉斯噪声的查询结果与上
一次查询的结果进行比较，只有当差值大于阈值时，才会发布这个加过噪声
的查询结果，否则直接使用上一次的查询结果响应当前查询。Gupta 等[88]

提出了一种通用的迭代数据集生成架构（Iterative Database Construction，IDC），采用了和 PMW 相似的思想，不同的是 IDC 直接对数据集进行初始化假设，而不是对数据集的分布进行假设，因此 IDC 可以响应更多类型的查询。

Fan 等[89]设计了一种基于过滤和自适应采样的数据流发布算法 FAST，该算法将每个时间戳分为采样点和非采样点，采样点表示对该时间戳下的数据加入拉普拉斯噪声，非采样点则用卡尔曼滤波对该时间戳下的数据进行预测。Kellaris 等[90]设计了一种不限次数的流数据发布算法，该算法采用滑动窗口的思想，提出了预算分配和预算回收两个算法。上述交互式数据发布算法能提高查询次数和查询数据的可用性，但并没有给出合理的隐私预算分配方案。Wang 等[91]研究了实时数据的发布问题，设计了一种隐私预算自适应分配的方案，根据数据的变化趋势对隐私预算进行分配，当数据变化得很快时，只将剩余预算的一小部分分配给下一个采样点，反之则将剩余预算的大部分分配给下一个采样点。同时为了保护大数据中关联数据的隐私性，Lv 等[92]提出了 k-CRDP 和 r-CBDP 模型。首先，r-CBDP 使用 MIC 和机器学习来确定数据之间的依赖性，准确地计算关联敏感度，然后将大数据划分为独立的块，并对块实施 k-CRDP 以实现大数据相关的差分隐私。需要关注的是传统差分隐私所具有的严重局限性是为所有用户提供相同级别的隐私保护，此外在处理重复查询攻击时存在隐私缺陷。Li 等[93]提出了一种个性化的差分隐私保护方法用于重复查询，根据数据隐私保护要求，查询用户权限和相同查询次数，生成新的隐私保护说明。

在非交互式数据发布技术方面，主要是采样直方图发布技术。如果将拉普拉斯机制应用于直方图的发布，则会导致数据可用性低。为此 Xiao 等[94]提出了 Privelet 算法，在原始数据上使用小波变换。Li 等[95]提出了矩阵机制，用于减少当拉普拉斯噪声直接加到原始值时的误差。但是上述方案没有考虑数据的相关性，为此 Xu 等[96]提出了 NoiseFirst 和 StructureFirst 算法，NoiseFirst 首先对原始直方图添加拉普拉斯噪声，然后再通过 V-优化直方图对加噪直方图进行分组；StructureFirst 将隐私预算分为两部分，一部分用于选取合并直方图桶的边界并对直方图进行分组，另一部分用于对每个分组加入拉普拉斯噪声。但是，这两个算法要提前给定分组数目，而且只考虑了分组引入的重构误差，忽略了拉普拉斯机制引入的噪声误差。针对这些不足，Acs 等[97]提出了 P-HPartition 算法，通过贪婪二分策略来平衡重构误差和噪声误差，并且可以自适应地找到最优的合并桶个数，但该算法只考虑对相近的桶进行合并，而没有考虑全局的近邻关系。Zhang 等[98]在 P-HPartition 的基础上提出了 AHP 算法，算法首先对直方图进行排序，然后通过贪心聚类的思想结合重构误差和噪声误差自适应地对直方图进行分组。Ma 等[99]提出了一种基于差分隐私的隐私保护机制 RPTR，该机制用于保护车辆的实时轨迹数据发布，在满足应用负载和实用性要求的同时，构建了基于区域隐私权重的隐私预算分配方法，为用户密度较高的区域提供更好的保护。Li 等[100]提出了基于数据扰动的差分隐私模型的实时隐私保护方法，该方法利用动态预算分配方法合理分配隐私预算，对公共数据进行近似或扰动处理，其优点在于有效减少由于同一地点统计数据的变化而引起的误差。

　　针对数据统计与分析中的隐私泄露问题，大量基于差分的隐私保护方案被提出。在这些方案中，数据可用性与隐私保护效果相互制约的问题仍未得到有效解决。同时，如何构建模型对差分隐私保护效果进行评估也是现有方案所面临的挑战。

2.2.3　基于信息论的隐私脱敏

　　Wu 等[101]提出了一种和互信息相吻合的差分隐私模型，通过刻画有相关性数据对隐私的威胁，提出了一种新的差分隐私保护概念。当数据独立时，差分隐私模型将是该模型的一个特殊情况；当数据之间有相关性时，采用群体隐私保护方案实现依赖情形下的差分隐私，从而实现新的隐私模型。Peng 等[102]将隐私保护系统描述成一种通信模型，该模型的攻击者无任何有关数据源的隐私信息关联的背景知识，仅通过分析数据信宿中的观察数据披露隐私信息，就可以用信息熵描述隐私信息在数据信宿中的平均隐私信息量，隐私信息的不确定性直接反映隐私信息泄露的风险。

2.2.4 隐私度量与评估

隐私度量评估是评价和优化隐私保护算法的重要依据，它可以作为隐私保护算法的隐私保护强度指标，同时能够为降低和控制隐私泄露风险提供量化指标。

在隐私度量的相关理论研究中，由于信息论是度量信息量的一种有效的工具，因此互信息和熵得到了大量应用。Wu 等[103]分析了 k-匿名技术中对于信息失真的不可控性，在众包数据库（Crowdsourcing Database）中利用信息熵和矩阵定义了在用户记录中的准确响应概率，并实现对 k-匿名技术保护精度上下界的预估。Cuff 等[104]用互信息描述攻击者从观察数据中获取信息的量，当互信息的值小于或等于差分隐私预算时，表明该隐私保护机制的隐私保护满足差分隐私，隐私信息泄露的风险很小，反之隐私信息泄露的风险很大。Asoodeh 等[105]用互信息描述隐私泄露的风险，假设原始云数据 D 中隐私信息为 S，攻击者获取到隐私信息关联的数据 D′后，原始云数据经过隐私保护技术处理，通过互信息计算攻击者在已知信息 D′之后关于隐私信息 S 在原始云数据中不确定性减少的量，来反映隐私泄露的风险。不确定性减少的量越多，隐私信息泄露的风险越大。Oya 等[106]提出使用条件熵和互信息作为互补的隐私度量，并使用 Blahut-Arimoto 算法来设计近似最优的位置保护机制。Ma 等[107]提出了一种时间序列数据的隐私度量标准，用于量化对手在尝试推断给定任何已发布数据范围内的原始数据时可用的信息量。Ding 等[108]通过产生大量的反例来衡量差分隐私算法的效果。Bichsel 等[109]则是在给定隐私效果的情况下通过带反馈的抽样方法来测量输入输出距离的下限，可用于发现干扰不足。

隐私信息度量与评估在社交网络、位置服务、云计算等现实场景中也有不少实际应用。在社交网络领域，针对网页搜索服务，Gervais 等[110]提出一种覆盖查询级别和语义级别的隐私量化方法；Cao 等[111]在考虑时空关联的情况下量化了在差分隐私技术下潜在的风险。在位置服务领域，Shokri 等[112]利用确定攻击模型以及敌手的背景知识，通过信息熵等方法来描述攻击过程的精确性、确定性、正确性，可实现隐私保护效果的度量。Wu 等[113]基于博弈论和差分隐私，对用户所涉及的博弈元素进行多级量化，通过对单一数据集的分析实现用户的隐私度量。Zhang 等[114]则是利用了差分的概念对参与用户的隐私等级进行量化，进而可实现准确的鼓励机制。

2.3　隐私保护对抗分析

为保护用户隐私，用户可以在发布数据前进行一定的匿名化处理，然而匿名数据仍面临被攻击导致的用户隐私泄露的风险。为找到有效的匿名化方法，就需要对隐私保护的效果和匿名化方法的质量进行分析，这种分析依赖于对去匿名化攻击方法的探索。目前，学术界对去匿名化方法和隐私保护分析技术的研究可以被分为理论知识研究和实际场景分析。

在理论知识研究方面，研究者如果将去匿名化攻击方法中的匿名数据和用户数据匹配成种子对，隐私保护分析技术可以被概括为需要种子对的扩散性去匿名化方法和不依赖种子对的特征信息提取判断方法[115]。Narayanan 等[116]提出了一种依赖已知种子对的隐私分析框架，并提出了一种基于网络拓扑结构的去匿名化算法，其对扰动和添加噪声有较好的稳健性，但对种子对的质量有较高的要求。Yartseva 等[117]根据图的渗流理论提出了基于种子对的图匹配方法。Kazemi 等[118]在该方法的基础上又放宽了对种子的要求，降低了所需种子的数量。Backstorm 等[119]提出使用连续攻击方式进行去匿名化的方法，通过该方法可以获知特定的两个点之间是否有边存在，虽然该算法对仅交换节点编号的匿名化算法具有较好的攻击效果，但对修改图结构的匿名化算法无能为力。

目前，隐私保护技术被广泛运用在大数据、社交网络和基于位置的服务等场景中。对这些场景下的隐私保护技术进行分析并对匿名数据进行去匿名化处理也是当前的研究热点。在大数据环境中，差分隐私能满足大规模数值型数据的安全处理和发布的需求，但 Wang 等[120]提出了一种是否能满足差分隐私的自动检测方案 CheckDP，可以对满足差分隐私的机制自动生成证明，同时对不满足差分隐私的机制生成反例；Bichsel 等[121]也提出了一种有效且精确的相关抽样方法 DP-Finder，自动计算随机算法的差分隐私下界，进而得到不满足差分隐私机制的隐私泄露反例，以对差分隐私方法进行评估。在社交网络中，Crandall 等[122]发现经常在相同时间出现在相同地理位置上的用户之间有较强的社交联系，并利用此结论挖掘用户的社交结构向用户推荐好友；Davis 等[123]通过社交媒体中用户粉丝中可定位的用户，运用多数投票方法来推断其他用户发布博文的地理位置。在基于位置的服务中，学术界对用户位置隐私的保护已有诸多方案，但 Ma 等[124]仍认为攻击者可能从匿名轨迹集中推断出攻击目标的完整历史轨迹；Zang 等[125]从大规模移动通信数据中分析了匿名位置的泛化程度与用户隐私信息泄露的关系，尤其是社交网络对缩小匿名集合、增加隐私风险的影响；王彩梅等[126]提出一种新的轨迹隐私度量方法，通过将用户运动轨迹用带权无向图进行描述，并从信息熵的角度计算用户的轨迹隐私水平；Chang 等[127]提出了一种基于目标移动模式的去匿名攻击范式，它可以从一组匿名轨迹中准确地重新识别用户轨迹。

2.4　隐私计算

2.4.1　隐私保护技术的不足

1. 无法解决跨系统信息交换的隐私保护

隐私防护技术基于传统的加解密、访问控制等数据安全技术，主要是针对单一信息系统和管理域的信息机密性进行保护，不同管理域间密钥管理机制、访问控制策略、数据安全保护能力存在差异，短板效应决定了隐私防护技术不能从根本上解决跨信息系统、跨管理域信息交换中的隐私保护问题。

隐私脱敏技术通过对数据进行匿名、加扰等方法保护隐私信息,一旦脱敏后隐私信息则不可逆,可以保证隐私信息在跨系统交换后得到最基本的保护,然而跨系统交换过程中不同系统隐私需求多样,如果没有延伸控制机制,仍然无法满足泛在互联环境下信息广泛共享的隐私保护需求。

2. 隐私保护方案不成体系

虽然隐私脱敏技术提出了 k-匿名、l-多样性、t-接近性、差分隐私等隐私保护模型,并且在位置和轨迹隐私保护、数据发布与统计分析、机器学习、社交网络等应用场景中提出了各种各样的隐私保护方案,然而这些方案均只针对单一场景,没有从"计算"的角度出发,没有考虑隐私具有与时间、空间、隐私信息类型、隐私信息主体的主观特性密切相关的特点,未能建立通用的隐私信息形式化定义和动态量化度量方法,而这是能够建立隐私信息保护算法设计和组合、保护效果评估、保护系统编程实现的基础和前提,不能实现全生命周期隐私保护。这导致了虽然隐私保护的论文成千上万,但是由于缺乏理论体系,因此无法支撑构建泛在互联环境下普适、动态、按需的隐私保护信息系统,这是泛在互联环境下隐私保护问题仍未得到解决的根本原因。

2.4.2　隐私计算的必然性

由于"万物智慧互联、信息泛在共享"对普适性全生命周期按需隐私保护的迫切要求,从"计算"的角度将隐私保护上升到理论体系成为隐私保护技术发展的必然。2015 年,李凤华等在内部学术研讨会中强调隐私保护是一种需求,而隐私计算才能代表一个理论体系,并于 2016 年在文献[128]中首先给出了隐私计算的定义,进而在文献[129]中将隐私信息形式化定义为隐私信息向量、隐私属性向量、广义定位信息、审计控制信息、约束条件和传播控制操作的六元组,给出了隐私计算框架、隐私计算形式化定义、隐私计算的重要特性、算法设计准则、隐私保护效果评估、隐私计算语言等,并以图像、位置隐私保护等应用场景描述了隐私计算的普适性应用。隐私计算为隐私保护建立了理论体系框架，是泛在网络空间隐私信息保护的重要理论基础，相关内容将在本书第 3 章进行详细介绍。

2.5　本章小结

在信息时代下，信息技术演化发展与普慧应用的过程也必然是大数据汇集、充分利用的过程，人们在充分享受信息技术给生活带来便利的同时，隐私信息泄露和滥用也随处可见。为此，密码学、数据安全、访问控制等传统安全技术也就自然而然成为早期的隐私保护技术，这些技术归为隐私防护技术，它们可以在单一管理域或单一信息系统中有限地保护隐私信息。但是，泛在互联下"万物智慧互联、信息泛在共享"，隐私信息在跨境、跨系统、跨生态圈的高动态和大尺度时空环境下频繁交互。在满足基本可用性的前提下，隐私信息脱敏之后的共享是实施隐私保护的核心技术，该核心技术归为隐私脱敏技术。

本章系统地梳理、剖析了隐私保护相关技术的演化历程，着重从隐私防护、隐私脱敏、隐私保护对抗分析、隐私计算等方面概括了隐私保护的研究现状。综合来看，虽然作者在国内外首先提出了隐私计算的概念、理论体系，并持续推动了隐私计算的研究，但面对层出不穷的隐私保护需求及其技术挑战，目前隐私保护技术仍然不能全面解决通过过度采集和画像分析的个性化服务与隐私保护之间的平衡问题，还需要国内外广大学者一起深入开展隐私计算的学术研究和应用推广，以期形成一套完善的泛在互联下隐私信息的全生命周期保护的基础理论，以及可便利实现的计算架构。作者将在后续章节中详细阐述所提出的隐私计算理论与技术。

参考文献

[1]　RIVEST R L, ADLEMAN L, DERTOUZOS M L. On data banks and privacy

homomorphisms[J]. Foundations of Secure Computation, 1978, 4(11): 169-180.

[2] PAILLIER P. Public-key cryptosystems based on composite degree residuosity classes[C]//EUROCRYPT'99. Berlin: Springer, 1999: 223-238.

[3] LU R X, LIANG X H, LI X D, et al. EPPA: an efficient and privacy-preserving aggregation scheme for secure smart grid communications[J]. IEEE Transactions on Parallel and Distributed Systems, 2012, 23(9): 1621-1631.

[4] SAMANTHULA B K, ELMEHDWI Y, JIANG W. K-nearest neighbor classification over semantically secure encrypted relational data[J]. IEEE Transactions on Knowledge & Data Engineering, 2015, 27(5): 1261-1273.

[5] GENTRY C. A fully homomorphic encryption scheme[D]. Stanford: Stanford University, 2009.

[6] DIJK M V, GENTRY C, HALEVI S, et al. Fully homomorphic encryption over the integers[C]//Annual International Conference on the Theory and Applications of Cryptographic Techniques. Berlin: Springer, 2010: 24-43.

[7] BOST R, POPA R A, TU S, et al. Machine learning classification over encrypted data[C]// Network and Distributed System Security Symposium. [S.n.:s.l.], 2015: 4324-4325.

[8] RAO V, RAO P. Improving vocal melody extraction in the presence of pitched accompaniment in polyphonic music[J]. IEEE Transactions on Audio, Speech, and Language Processing, 2010, 18(8): 2145-2154.

[9] SOFIANOS S, ARIYAEEINIA A, POLFREMAN P. Towards effective singing voice extraction from stereophonic recordings[C]//Processing of IEEE International Conference on Acoustics Speech and Signal Processing. Piscataway: IEEE Press, 2010: 233-236.

[10] DAMGARD I, ISHAI Y, KROIGAARD M, et al. Scalable multiparty computation with nearly optimal work and resilience[C]//Annual International Cryptology Conference. Berlin: Springer, 2008: 241-261.

[11] PETTAI M, LAUD P. Automatic proofs of privacy of secure multi-party computation protocols against active adversaries[C]//2015 IEEE 28th Computer Security Foundations Symposium. Piscataway: IEEE Press, 2015: 75-89.

[12] SHUKLA S, SADASHIVAPPA G. Secure multi-party computation protocol using asymmetric encryption[C]//International Conference on Computing for Sustainable Global Development. Piscataway: IEEE Press, 2014: 780-785.

[13] 王珽, 罗文俊. 安全多方计算在空间几何问题中的应用[J]. 计算机应用系统, 2015, 24(1): 156-160.

[14] 孙茂华. 安全多方计算及其应用研究[D]. 北京: 北京邮电大学, 2013.

[15] HENECKA W, SADEGHI A R, SCHNEIDER T, et al. TASTY: tool for automating secure two-party computations[C]//Proceedings of the 17th ACM Conference on Computer and Communications Security. New York: ACM Press, 2010: 451-462.

[16] XUE K P, XUE Y J, HONG J N, et al. RAAC: robust and auditable access control with multiple attribute authorities for public cloud storage[J]. IEEE Transactions on Information Forensics and Security, 2017, 12(4): 953-967.

[17] 王晶, 黄传河, 王金海. 一种面向云存储的动态授权访问控制机制[J]. 计算机研究与发展, 2016, 53(4): 904-920.

[18] 关志涛, 杨亭亭, 徐茹枝, 等. 面向云存储的基于属性加密的多授权中心访问控制方案[J]. 通信学报, 2015, 36(6): 116-126.

[19] SAXENA N, CHOI B J, LU R X. Authentication and authorization scheme for various user roles and devices in smart grid[J]. IEEE Transactions on Information Forensics and Security, 2016, 11(5): 907-921.

[20] ZHANG Y, CHEN J, DU R, et al. FEACS: a flexible and efficient access control scheme for cloud computing[C]//Proceedings of IEEE International Conference on Trust, Security and Privacy in Computing and Communications. Piscataway: IEEE Press, 2015: 310-319.

[21] KHAMBHAMMETTU H, BOULARES S, ADI K, et al. A framework for risk assessment in access control systems[J]. Computers & Security, 2013, 39: 86-103.

[22] MIETTINEN M, HEUSER S, KRONZ W, et al. ConXsense: automated context classification for context-aware access control[C]//Proceedings of ACM Symposium on Information, Computer and Communications Security. New York: ACM Press, 2014: 293-304.

[23] SANTOS D, RICARDO D, WESTPHALL C M, et al. A dynamic risk-based

access control architecture for cloud computing[C]//Proceedings of Asia-Pacific Network Operations and Management Symposium. Piscataway: IEEE Press, 2014: 1-9.

[24] 惠榛, 李昊, 张敏, 等. 面向医疗大数据的风险自适应的访问控制模型[J]. 通信学报, 2015, 36(12): 190-199.

[25] NING J T, CAO Z F, DONG X, et al. Auditable-time outsourced attribute-based encryption for access control in cloud computing[J]. IEEE Transactions on Information Forensics and Security, 2018, 13(1): 94-105.

[26] YANG K, LIU Z, JIA X H, et al. Time-domain attribute-based access control for cloud-based video content sharing: a cryptographic approach[J]. IEEE Transactions on Multimedia, 2016, 18(5): 940-950.

[27] YAN Z, LI X, WANG M J. Flexible data access control based on trust and reputation in cloud computing[J]. IEEE Transactions on Cloud Computing, 2017, 5(3): 485-498.

[28] DANG N, PARK J, SANDHU R. A provenance-based access control model for dynamic separation of duties[C]//Proceedings of International Conference on Privacy, Security and Trust. Piscataway: IEEE Press, 2013: 247-256.

[29] SUN L S, PARK J, DANG N, et al. A provenance-aware access control framework with typed provenance[J]. IEEE Transactions on Dependable and Secure Computing, 2016, 13(4): 411-423.

[30] PEARSON S, CASASSA-MONT M. Sticky policies: an approach for managing privacy across multiple parties[J]. Computer, 2011, 44(9): 60-68.

[31] SPYRA G, BUCHANAN W J, EKONOMOU E. Sticky policies approach within cloud computing[J]. Computers & Security, 2017, 70: 366-375.

[32] 冯登国, 刘敬彬, 秦宇, 等. 创新发展中的可信计算理论与技术[J]. 中国科学: 信息科学, 2020, 50(8): 1127-1147.

[33] 国家密码管理局. 信息安全技术-可信计算密码支撑平台功能与接口规范[S]. GB/T 29829-2013.

[34] FRANCILLON A, NGUYEN Q, RASMUSSEN K B, et al. A minimalist approach to remote attestation[C]//2014 Design, Automation & Test in Europe

Conference & Exhibition. Piscataway: IEEE Press, 2014: 1-6.

[35] TIAN J S, JING Z. Research and implementation of active dynamic measurement based on TPCM[J]. Netinfo Security, 2016, 16(6): 22.

[36] 黄坚会, 石文昌. 基于 ATX 主板的 TPCM 主动度量及电源控制设计[J]. 信息网络安全, 2016(11): 1-5.

[37] EKBERG J E, KOSTIAINEN K, ASOKAN N. Trusted execution environments on mobile devices[C]//Proceedings of the 2013 ACM SIGSAC conference on Computer & communications security. New York: ACM Press, 2013: 1497-1498.

[38] RAJ H, SAROIU S, WOLMAN A, et al. fTPM: a firmware-based TPM 2.0 implementation[J]. Microsoft Research, 2015, 12: 1-22.

[39] 董攀, 丁滟, 江哲, 等. 基于 TEE 的主动可信 TPM/TCM 设计与实现[J]. 软件学报, 2020, 31(5): 1392-1405.

[40] SWEENEY L. k-anonymity: a model for protecting privacy[J]. International Journal of Uncertainty, Fuzziness and Knowledge-Based Systems, 2002, 10(5): 557-570.

[41] LEFEVRE K, DEWITT D J, RAMAKRISHNAN R. Incognito: efficient full-domain k-anonymity[C]//Proceedings of the 2005 ACM SIGMOD International Conference on Management of Data. New York: ACM Press, 2005: 49-60.

[42] MACHANAVAJJHALA A, KIFER D, GEHRKE J, et al. L-diversity: privacy beyond k-anonymity[J]. ACM Transactions on Knowledge Discovery from Data, 2007, 1(1): 3.

[43] LIU F Y, HUA K A, CAI Y. Query l-diversity in location-based services[C]//2009 Tenth International Conference on Mobile Data Management: Systems, Services and Middleware. Piscataway: IEEE Press, 2009: 436-442.

[44] LI N H, LI T C, VENKATASUBRAMANIAN S. t-closeness: privacy beyond k-anonymity and l-diversity[C]//2007 IEEE 23rd International Conference on Data Engineering. Piscataway: IEEE Press, 2007: 106-115.

[45] REBOLLO-MONEDERO D, FORNE J, DOMINGO-FERRER J. From t-closeness-like privacy to postrandomization via information theory[J]. IEEE Transactions on Knowledge and Data Engineering, 2010, 22(11): 1623-1636.

[46] TOJIBOEV R, LEE W, LEE C C. Adding noise trajectory for providing privacy in data publishing by vectorization[C]//2020 IEEE International Conference on Big Data and Smart Computing. Piscataway: IEEE Press, 2020: 432-434.

[47] WANG Y F, LI M Z, LUO S S, et al. LRM: a location recombination mechanism for achieving trajectory k-anonymity privacy protection[J]. IEEE Access, 2019, 7: 1-20.

[48] NAGHIZADE E, KULIK L, TANIN E, et al. Privacy- and context-aware release of trajectory data[J]. ACM Transactions on Spatial Algorithms and Systems, 2020, 6(1): 1-25.

[49] CHEN C M, LUO Y L, YU Q Y, et al. TPPG: privacy-preserving trajectory data publication based on 3D-Grid partition[J]. Intelligent Data Analysis, 2019, 23(3): 503-533.

[50] DAI Y, SHAO J, WEI C B, et al. Personalized semantic trajectory privacy preservation through trajectory reconstruction[J]. World Wide Web, 2018, 21(4): 875-914.

[51] CAO Y, XIAO Y H, XIONG L, et al. PriSTE: protecting spatiotemporal event privacy in continuous location-based services[J]. Proceedings of the VLDB Endowment, 2019, 12(12): 1866-1869.

[52] 黄毅, 霍峥, 孟小峰. CoPrivacy: 一种用户协作无匿名区域的位置隐私保护方法[J]. 计算机学报, 2011, 34(10): 1976-1985.

[53] SHAHAM S, DING M, LIU B, et al. Privacy preservation in location-based services: a novel metric and attack model[J]. IEEE Transactions on Mobile Computing, 2020, PP(99): 1-13.

[54] LI Y H, CAO X, YUAN Y, et al. PrivSem: protecting location privacy using semantic and differential privacy[J]. World Wide Web, 2019, 22(6): 2407-2436.

[55] GEDIK B, LIU L. Location privacy in mobile systems: a personalized anonymization model[C]//Proceedings of the 25th IEEE International Conference on Distributed Computing Systems. Piscataway: IEEE Press, 2005: 620-629.

[56] MOKBEL M F, CHOW C Y, AREF W G. The new casper: query processing for location services without compromising privacy[C]//Proceedings of the 32nd

International Conference on Very Large Data Bases. Piscataway: IEEE Press, 2006: 12-15.

[57] ZHAO Y N, LUO Y L, YU Q Y, et al. A privacy-preserving trajectory publication method based on secure start-points and end-points[J]. Mobile Information Systems, 2020, 2020(12): 1-12.

[58] TU Z, ZHAO K, XU F L, et al. Protecting trajectory from semantic attack considering k-anonymity, l-diversity and t-closeness[J]. IEEE Transactions on Network and Service Management, 2018, PP(99): 1-15.

[59] XIAO Z, XU J L, MENG X F. p-sensitivity: a semantic privacy-protection model for location-based services[C]//2008 Ninth International Conference on Mobile Data Management Workshops. Piscataway: IEEE Press, 2008: 47-54.

[60] DEWRI R, RAY I, RAY I, et al. Query m-invariance: preventing query disclosures in continuous location-based services[C]//2010 Eleventh International Conference on Mobile Data Management. Piscataway: IEEE Press, 2010: 95-104.

[61] SEI Y, OKUMURA H, TAKENOUCHI T, et al. Anonymization of sensitive quasi-identifiers for l-diversity and t-closeness[J]. IEEE Transactions on Dependable & Secure Computing, 2017, 16(4): 580-593.

[62] DWORK C. Differential privacy: a survey of results[C]//International Conference on Theory and Applications of Models of Computation. Berlin: Springer, 2008: 1-19.

[63] DUCHI J C, JORDAN M I, WAINWRIGHT M J. Local privacy and statistical minimax rates[C]//IEEE 54th Annual Symposium on Foundations of Computer Science. Piscataway: IEEE Press, 2013: 429-438.

[64] TANG J, KOROLOVA A, BAI X L, et al. Privacy loss in apple's implementation of differential privacy on MacOs 10.12[J]. arXiv Preprint, arXiv:1709.02753, 2017.

[65] ERLINGSSON L, PIHUR V, KOROLOVA A. RAPPOR: randomized aggregatable privacy-preserving ordinal response[C]//Proceedings of the 2014 ACM SIGSAC Conference on Computer and Communications Security. New York: ACM Press, 2014: 1054-1067.

[66] DWORK C, ROTHBLUM G N. Concentrated differential privacy[J]. arXiv Preprint, arXiv:1603.01887, 2016.

[67] SORIA-COMAS J, DOMINGO-FERRER J, SANCHEZ D, et al. Individual differential privacy: a utility-preserving formulation of differential privacy guarantees[J]. IEEE Transactions on Information Forensics and Security, 2017, 12(6): 1418-1429.

[68] YANG B, SATO I, NAKAGAWA H. Bayesian differential privacy on correlated data[C]//Proceedings of the 2015 ACM SIGMOD International Conference on Management of Data, New York: ACM Press, 2015: 747-762.

[69] HE K, ZHANG X Y, REN S Q, et al. Deep residual learning for image recognition[C]//Proceedings of the IEEE Conference on Computer Vision and Pattern Recognition. Piscataway: IEEE Press, 2016: 770-778.

[70] OSIA S A, SHAMSABADI A S, TAHERI A, et al. Privacy-preserving deep inference for rich user data on the cloud[J]. arXiv Preprint, arXiv:1710.01727, 2017.

[71] TRAN L, KONG D, JIN H X, et al. Privacy-cnh: a framework to detect photo privacy with convolutional neural network using hierarchical features[C]//Thirtieth AAAI Conference on Artificial Intelligence. Palo Alto: AAAI Press, 2016: 1-7.

[72] YU J, ZHANG B P, KUANG Z Z, et al. iPrivacy: image privacy protection by identifying sensitive objects via deep multi-task learning[J]. IEEE Transactions on Information Forensics and Security, 2016, 12(5): 1005-1016.

[73] SHOKRI R, SHMATIKOV V. Privacy-preserving deep learning[C]//Proceedings of the 22nd ACM SIGSAC Conference on Computer and Communications Security. New York: ACM Press, 2015: 1310-1321.

[74] ABADI M, CHU A, GOODFELLOW I, et al. Deep learning with differential privacy[C]//Proceedings of the 2016 ACM SIGSAC Conference on Computer and Communications Security. New York: ACM Press, 2016: 308-318.

[75] WEI K, LI J, DING M, et al. Federated learning with differential privacy: algorithms and performance analysis[J]. IEEE Transactions on Information

Forensics and Security, 2020, 15: 3454-3469.

[76] TRUEX S, BARACALDO N, ANWAR A, et al. A hybrid approach to privacy-preserving federated learning[J]. arXiv Preprint, arXiv:1812.03224, 2018.

[77] ZHANG J, ZHANG Z J, XIAO X K, et al. Functional mechanism: regression analysis under differential privacy[J]. Proceedings of the VLDB Endowment, 2012, 5(11): 1364-1375.

[78] RUBINSTEIN B I P, BARTLETT P L, HUANG L, et al. Learning in a large function space: privacy-preserving mechanisms for SVM learning[J]. arXiv Preprint, arXiv:0911.5708, 2009.

[79] CHAUDHURI K, MONTELEONI C, SARWATE A D. Differentially private empirical risk minimization[J]. Journal of Machine Learning Research, 2011, 12(3): 1-41.

[80] YU L, LIU L, PU C, et al. Differentially private model publishing for deep learning[C]//2019 IEEE Symposium on Security and Privacy. Piscataway: IEEE Press, 2019: 332-349.

[81] NASR M, SHOKRI R. Improving deep learning with differential privacy using gradient encoding and denoising[J]. arXiv Preprint, arXiv:2007.11524, 2020.

[82] JAYARAMAN B, EVANS D. Evaluating differentially private machine learning in practice[C]//Proceedings of the 28th USENIX Conference on Security Symposium. Berkeley: USENIX Association, 2019: 1895-1912.

[83] XU C G, REN J, ZHANG D Y, et al. GANobfuscator: mitigating information leakage under GAN via differential privacy[J]. IEEE Transactions on Information Forensics and Security, 2019, 14(9): 2358-2371.

[84] PAPERNOT N, THAKURTA A, SONG S, et al. Tempered sigmoid activations for deep learning with differential privacy[J]. arXiv Preprint , arXiv: 2007.14193, 2020.

[85] DWORK C, MCSHERRY F, NISSIM K, et al. Calibrating noise to sensitivity in private data analysis[C]//Proceedings of the Third Conference on Theory of Cryptography. Berlin: Springer, 2006: 265-284.

[86] ROTH A, ROUGHGARDEN T. Interactive privacy via the median

mechanism[C]// Proceedings of The Forty-second ACM Symposium on Theory of Computing. New York: ACM Press, 2010: 765-774.

[87] HARDT M, ROTHBLUM G N. A multiplicative weights mechanism for privacy-preserving data analysis[C]//2010 IEEE 51st Annual Symposium on Foundations of Computer Science. Piscataway: IEEE Press, 2010: 61-70.

[88] GUPTA A, ROTH A, ULLMAN J. Iterative constructions and private data release[C]//Theory of Cryptography Conference. Berlin: Springer, 2012: 339-356.

[89] FAN L Y, XIONG L. An adaptive approach to real-time aggregate monitoring with differential privacy[J]. IEEE Transactions on Knowledge and Data Engineering, 2013, 26(9): 2094-2106.

[90] KELLARIS G, PAPADOPOULOS S, XIAO X, et al. Differentially private event sequences over infinite streams[J]. Proceedings of the VLDB Endowment, 2014, 7(12): 1155-1166.

[91] WANG Q, ZHANG Y, LU X, et al. Real-time and spatio-temporal crowd-sourced social network data publishing with differential privacy[J]. IEEE Transactions on Dependable and Secure Computing, 2016, 15(4): 591-606.

[92] LV D L, ZHU S B. Achieving correlated differential privacy of big data publication[J]. Computers & Security, 2019, 82: 184-195.

[93] LI S Y, JI X S, YOU W. A personalized differential privacy protection method for repeated queries[C]//2019 IEEE 4th International Conference on Big Data Analytics. Piscataway: IEEE Press, 2019: 274-280.

[94] XIAO X K, WANG G Z, GEHRKE J. Differential privacy via wavelet transforms[J]. IEEE Transactions on Knowledge and Data Engineering, 2010, 23(8): 1200-1214.

[95] LI C, HAY M, RASTOGI V, et al. Optimizing linear counting queries under differential privacy[C]//Proceedings of the Twenty-ninth ACM SIGMOD-SIGACT-SIGART Symposium on Principles of Database Systems. New York: ACM Press, 2010: 123-134.

[96] XU J, ZHANG Z J, XIAO X K, et al. Differentially private histogram publication[J]. The VLDB Journal, 2013, 22(6): 797-822.

[97] ACS G, CASTELLUCCIA C, CHEN R. Differentially private histogram publishing through lossy compression[C]//2012 IEEE 12th International Conference on Data Mining. Piscataway: IEEE Press, 2012: 1-10.

[98] ZHANG X J, CHEN R, XU J L, et al. Towards accurate histogram publication under differential privacy[C]//Proceedings of the 2014 SIAM International Conference on Data Mining. [S.n.:s.l.], 2014: 587-595.

[99] MA Z, ZHANG T, LIU X M, et al. Real-time privacy-preserving data release over vehicle trajectory[J]. IEEE Transactions on Vehicular Technology, 2019, 68(8): 8091-8102.

[100] LI F Y, YANG J, XUE L, et al. Real-Time Trajectory Data Publishing Method with Differential Privacy[C]//2018 14th International Conference on Mobile Ad-Hoc and Sensor Networks. Piscataway: IEEE Press, 2018: 177-182.

[101] WU G Q, XIA X Y, HE Y P. Extending differential privacy for treating dependent records via information theory[J]. arXiv Preprint, arXiv:1703.07474, 2017.

[102] PENG C G, DING H F, ZHU Y J, et al. Information entropy models and privacy metrics methods for privacy protection[J]. Journal of Software, 2016, 27(8): 1891-1903.

[103] WU S, WANG X, WANG S J, et al. K-anonymity for crowdsourcing database[J]. IEEE Transactions on Knowledge and Data Engineering, 2013, 26(9): 2207-2221.

[104] CUFF P, YU L. Differential privacy as a mutual information constraint[C]// Proceedings of the 2016 ACM SIGSAC Conference on Computer and Communications Security. New York: ACM Press, 2016: 43-54.

[105] ASOODEH S, ALAJAJI F, LINDER T. Notes on information-theoretic privacy[C]// 2014 52nd Annual Allerton Conference on Communication, Control, and Computing. Piscataway: IEEE Press, 2014: 1272-1278.

[106] OYA S, TRONCOSO C, PÉREZ-GONZÁLEZ F. Back to the drawing board: revisiting the design of optimal location privacy-preserving mechanisms[C]// Proceedings of the 2017 ACM SIGSAC Conference on Computer and Communications Security. New York: ACM Press, 2017: 1959-1972.

[107] MA C Y T, YAU D K Y. On information-theoretic measures for quantifying

privacy protection of time-series data[C]//Proceedings of the 10th ACM Symposium on Information, Computer and Communications Security. New York: ACM Press, 2015: 427-438.

[108] DING Z Y, WANG Y X, WANG G, et al. Detecting violations of differential privacy[C]//Proceedings of the 2018 ACM SIGSAC Conference on Computer and Communications Security. New York: ACM Press, 2018: 475-489.

[109] BICHSEL B, GEHR T, DRACHSLER-COHEN D, et al. Dp-finder: finding differential privacy violations by sampling and optimization[C]//Proceedings of the 2018 ACM SIGSAC Conference on Computer and Communications Security. New York: ACM Press, 2018: 508-524.

[110] GERVAIS A, SHOKRI R, SINGLA A, et al. Quantifying web-search privacy[C]// Proceedings of the 2014 ACM SIGSAC Conference on Computer and Communications Security. New York: ACM Press, 2014: 966-977.

[111] CAO Y, YOSHIKAWA M, XIAO Y H, et al. Quantifying differential privacy in continuous data release under temporal correlations[J]. IEEE Transactions on Knowledge and Data Engineering, 2018, 31(7): 1281-1295.

[112] SHOKRI R, THEODORAKOPOULOS G, LE BOUDEC J, et al. Quantifying location privacy[C]//2011 IEEE Symposium on Security and Privacy. Piscataway: IEEE Press, 2011: 247-262.

[113] WU X T, WU T T, KHAN M, et al. Game theory based correlated privacy preserving analysis in big data[J]. IEEE Transactions on Big Data, 2017, PP(99): 1.

[114] ZHANG Z K, HE S B, CHEN J M, et al. REAP: an efficient incentive mechanism for reconciling aggregation accuracy and individual privacy in crowdsensing[J]. IEEE Transactions on Information Forensics and Security, 2017, 13(99): 2995-3007.

[115] 刘家霖, 史舒扬, 张悦眉, 等. 社交网络高效高精度去匿名化算法[J]. 软件学报, 2018, 29(3): 772-785.

[116] NARAYANAN A, VITALY S. De-anonymizing social networks[C]//30th IEEE Symposium on Security and Privacy. Piscataway: IEEE Press, 2009: 173-187.

[117] YARTSEVA L, GROSSGLAUSER M. On the performance of percolation graph matching[C]//In Proceedings of the First ACM Conference on Online Social Networks. New York: ACM Press, 2013: 119-130.

[118] KAZEMI E, HASSANI S H, GROSSGLAUSER M. Growing a graph matching from a handful of seeds[J]. Proceedings of the VLDB Endowment, 2015, 8(10): 1010-1021.

[119] BACKSTROM L, DWORK C, KLEINBERG J. Wherefore art thou R3579X? anonymized social networks, hidden patterns, and structural steganography[C]// Proceedings of the 16th International Conference on World Wide Web. New York: ACM Press, 2007: 181-190.

[120] WANG Y X, DING Z Y, KIFER D, et al. CheckDP: an automated and integrated approach for proving differential privacy or finding precise counterexamples[C]// Proceedings of the 2020 ACM SIGSAC Conference on Computer and Communications Security. New York: ACM Press, 2020: 919-938.

[121] BICHSEL B, GEHR T, DRACHSLER-COHEN D, et al. Dp-finder: finding differential privacy violations by sampling and optimization[C]//Proceedings of the 2018 ACM SIGSAC Conference on Computer and Communications Security. New York: ACM Press, 2018: 508-524.

[122] CRANDALL D J, BACKSTROM L, COSLEY D, et al. Inferring social ties from geographic coincidences[J]. Proceedings of the National Academy of Sciences, 2010, 107(52): 22436-22441.

[123] DAVIS C A, PAPPA G L, DIOGO R R DE O, et al. Inferring the location of twitter messages based on user relationships[J]. Transactions in Gis, 2011, 15(6): 735-751.

[124] MA C Y T, YAU D K Y, YIP N K, et al. Privacy vulnerability of published anonymous mobility traces[J]. IEEE/ACM Transactions on Networking, 2013, 21(3): 720-733.

[125] ZANG H, JEAN B. Anonymization of location data does not work: a large-scale measurement study[C]//Proceedings of the 17th Annual International Conference on Mobile Computing and Networking. New York: ACM Press, 2011: 145-156.

[126] 王彩梅, 郭亚军, 郭艳华. 位置服务中用户轨迹的隐私度量[J]. 软件学报, 2012, 23(2): 352-360.

[127] CHANG S, LI C, ZHU H Z, et al. Revealing privacy vulnerabilities of anonymous trajectories[J]. IEEE Transactions on Vehicular Technology, 2018, 67(12): 12061-12071.

[128] 李凤华, 李晖, 贾焰, 等. 隐私计算研究范畴及发展趋势[J]. 通信学报, 2016, 37(4): 1-11.

[129] LI F H, LI H, NIU B, et al. Privacy computing: concept, computing framework, and future development trends[J]. ELSEVIER Engineering, 2019, 5(6): 1179-1192.

第 3 章

隐私计算理论

近 20 年来，隐私保护得到了广泛的关注，然而已有的研究都是针对具体场景的、零散的隐私保护方法，没有从计算（Computing）的角度对隐私保护进行体系化研究。为了建立隐私信息全生命周期保护的计算框架，本书作者于 2015 年在国内外首次提出了隐私计算（Privacy Computing）的概念和定义，形式化地描述了隐私计算，对其内涵和研究范畴进行了科学界定，建立了隐私计算的框架，针对关键环节进行了初具成效的具体实践。

本章主要介绍隐私计算定义、隐私计算关键技术环节与计算框架、隐私计算的重要特性、隐私智能感知与动态度量、隐私保护算法设计准则、隐私保护效果评估、隐私计算语言、隐私侵权行为判定与追踪溯源、隐私信息系统架构。本章内容将指导隐私计算的体系研究。

3.1 隐私计算定义

隐私计算需要对隐私信息有明确的形式化定义和度量方法，建立完备的公理化体系、推理规则和定理证明系统。本节从"计算"的角度阐述隐私计算的概念、定义、研究范畴，界定什么是隐私计算。

3.1.1 隐私计算的基本定义

隐私计算的核心思想是支撑隐私信息的感知和量化，建立隐私信息操作过程中的可计算模型，刻画隐私操作（含运算操作、控制操作等）组合时隐私分量的量化演变规则、隐私保护算法能力评估、保护效果量化之间的映射关系，确定不同约束下能达到的最优隐私保护效果以及实现最优效果的隐私保护算法及其组合。隐私计算的最终目标是隐私保护的自动化执行，构建支持海量用户、高并发、高效能隐私保护的系统设计理论与架构，实现不同算法之间的有效组合。

本书作者提出的隐私计算的定义为：隐私计算是面向隐私信息全生命周期保护的计算理论和方法，是隐私信息的所有权、管理权和使用权分离时隐私度量、隐私泄露代价、隐私保护与隐私分析复杂性的可计算模型与公理化系统。具体是指在处理视频、音频、图像、图形、文字、数值、泛在网络行为信息流等信息时，对所涉及的隐私信息进行描述、度量、评价和融合等操作，形成一套符号化、公式化且具有量化评价标准的隐私计算理论、算法及应用技术，支持多系统融合的隐私信息保护。隐私计算涵盖了信息搜集者、发布者和使用者在信息产生、感知、发布、传播、存储、处理、使用、销毁等全生命周期过程的所有计算操作，并包含支持海量用户、高并发、高效能隐私保护的系统设计理论与架构。隐私计算是泛在网络空间隐私信息保护的重要理论基础[1]。

3.1.2　隐私信息的形式化描述

隐私信息的形式化描述便于人们建立隐私保护模型，也能更好地支撑程序控制和按需保护。

本节首先定义隐私信息 X 及其所涵盖的 6 个基本元素[2]，以及相关公理、定理和假设等，这些是描述隐私计算其他内容的基础。信息 M 可以是文本、图像、语音、视频等一种模态数据或者几种模态数据的混合数据。需要指出的是，针对任意信息 M 的隐私信息向量的提取方法不属于本书的研究范畴，因为它们受特定领域提取条件的约束，比如自然语言处理。

定义 3-1　信息 M 中包含的隐私信息 X 用六元组 $\langle I, A, \Gamma, \Omega, \Theta, \Psi \rangle$ 表示，其中 I 代表隐私信息向量，A 代表隐私属性向量，Γ 代表广义定位信息集

合，$\boldsymbol{\Omega}$ 代表审计控制信息集合，$\boldsymbol{\Theta}$ 代表约束条件集合，$\boldsymbol{\Psi}$ 代表传播控制操作集合[2]。

定义 3-2 隐私信息向量 $\boldsymbol{I} = (I_{ID}, i_1, i_2, \cdots, i_k, \cdots, i_n)$，其中 $i_k (1 \leqslant k \leqslant n)$ 是隐私信息分量，用于表示信息 $\boldsymbol{M}$ 中语义上含有信息量的、不可分割的、彼此互不相交的原子信息，其信息类型包括文本、音频、视频、图像等，语义特征包括字、词、语调、语气、音素、音调、帧、像素、颜色等。I_{ID} 是该隐私信息向量的唯一标识[2]。例如，文字信息 "U_1 和 U_2 去 Loc 喝酒"，这句话中 $\boldsymbol{I} = (I_{ID}, i_1, i_2, i_3, i_4, i_5, i_6, i_7) = (I_{ID}, U_1, 和, U_2, 去, Loc, 喝, 酒)$，$n = 7$。注意：某些特定的信息片段，例如谚语，可以用自然语言处理方法进行有效的切分。

公理 3-1 在某种自然语言及其语法规则下，在单词、短语、俚语的粒度下，隐私信息向量 $\boldsymbol{I}$ 的分量数量一定有界[2]。

性质 3-1 隐私信息向量符合第 1 范式(1NF)和第 2 范式(2NF)[2]。

隐私信息分量 i_k 定义为不可细分的最小粒度，具有原子属性。1NF 的定义为当且仅当一个关系模式 R 的所有属性的域都是原子的，则称这个关系模式 R 属于第 1 范式，所以 i_k 符合第 1 范式。隐私信息向量 $\boldsymbol{I}$ 有唯一标识的 I_{ID} 为主键，其他非主属性的元素均依赖于该主键。2NF 的定义为：若 $R \in 1NF$，且每一个非主属性完全函数依赖于唯一的主键，则 $R \in 2NF$，所以 i_k 符合第 2 范式。

定义 3-3 约束条件集合 $\boldsymbol{\Theta} = (\theta_1, \theta_2, \cdots, \theta_k, \cdots, \theta_n)$，$\theta_k (1 \leqslant k \leqslant n)$ 表示隐私信息分量 i_k 对应的约束条件向量，用于描述在不同场景下实体访问 i_k 所需的访问权限[2]。例如，谁、在什么时间、使用什么设备、以什么方式访问和使用隐私信息向量，并持续使用隐私信息向量多长时间等。只有满足约束条件向量 θ_k 中全部访问权限的访问实体，才能正常访问隐私信息分量 i_k。实体包括信息所有者、信息接收者、信息处理者等。

定义 3-4 隐私属性向量 $\boldsymbol{A} = (a_1, a_2, \cdots, a_k, \cdots, a_n, a_{n+1}, \cdots, a_m)$，$a_k$ 表示隐私属性分量，用于量化隐私信息分量及分量组合的敏感度或者期望保护程度[2]。在实际应用时，不同场景下的不同隐私信息分量可进行加权动态组合，这些组合会产生新的隐私信息，但基于隐私信息分量的原子性，本书作者将不同 i_k 组合的隐私信息期望保护程度以隐私属性分量表示。当 $1 \leqslant k \leqslant n$ 时，a_k 与 i_k 一一对应；当 $n < k \leqslant m$ 时，a_k 表示两个或两个以上隐私信息分量组合后的隐私信息的期望保护程度。如果 $n < k \leqslant m$ 时，a_k 能够通过定义的算子推导计算，则隐私属性向量只需描述到 a_n 即可。

a_k 的取值范围为 $[0,1]$，其中 $a_k = 0$ 时表示隐私信息所有者在安全可控的环境下信息独享，即信息没有任何共享性，不存在有任何泄露的可能，代表期望信息得到最高程度的保护，保护后的隐私信息与原始隐私信息的互信息为 0。例如，如果是加密之类的隐私保护方法，代表密钥丢失，信息完全不可恢复；如果是添加噪声、泛化等不可逆有损的隐私保护方法，代表信息失真度使保护后的信息与原始信息完全不相关。$a_k = 1$ 时表示 i_k 分量不需要任何保护，可以不加限制地随意发布。不同的中间值表示对隐私信息分量不同的期望保护程度，取值越低，表示隐私信息的期望保护程度越好。

将隐私期望保护程度量化操作函数记为 σ，其中，人工标记、加权函数等都可作为隐私期望保护程度量化操作函数，因为 i_k 有不同的信息类型，所以对应的 σ 表达式也可采用不同方法，记为 $a_k = \sigma(i_k, \theta_k)$ $(1 \leqslant k \leqslant n)$。对于隐私信息分量 $i_1, i_2, \cdots, i_n$ 的任一组合 $i_{n+j} = i_{k_1} \vee i_{k_2} \vee \cdots \vee i_{k_s}$，$\vee$ 运算符定义为多个隐私信息分量的组合，通过隐私期望保护程度量化操作函数 σ 生成隐私属性分量 a_{n+j}，即 $a_{n+j} = \sigma(i_{n+j}, \theta_{k_1}, \theta_{k_2}, \cdots, \theta_{k_s})$ $(1 \leqslant k_1 < \cdots < k_s \leqslant n)$。对于隐私信息分量 $i_1, i_2, \cdots, i_n$ 和隐私信息分量组合 $i_{n+1}, i_{n+2}, \cdots, i_m$，生成隐私属性向量 $\boldsymbol{A} = (a_1, a_2, \cdots, a_k, \cdots, a_n, a_{n+1}, \cdots, a_m)$，其中 m 取值为大于或等于 n 的正整数。将上述隐私信息向量与隐私属性向量的关系简记为 $\boldsymbol{A} = \sigma(\boldsymbol{I}, \boldsymbol{\Theta})$。量化操作与约束条件密切相关，不同实体在不同场景访问时的量化结果可能不同。

定理 3-1　对一个特定的分量个数有界的隐私信息向量 $\boldsymbol{I} = (I_{\mathrm{ID}}, i_1, i_2, \cdots, i_k, \cdots, i_n)$，其隐私属性向量 $\boldsymbol{A} = (a_1, a_2, \cdots, a_n, a_{n+1}, \cdots, a_m)$ 的维数有界，当 $\boldsymbol{I}$ 中各隐私信息分量的二元/多元组合仅对应唯一隐私属性分量时，其隐私属性分量个数 $m \leqslant 2^n - 1$[2]。

证明 由定义 3-1 和公理 3-1 可知，在隐私信息向量 I 给定的条件下，其维数有界，即为 n。再由隐私属性向量的定义可知，隐私属性分量对应隐私信息分量及其组合，因此隐私属性向量维数有界。当隐私信息分量组合与隐私属性分量一一对应时，隐私属性向量维数最多为隐私信息分量的所有组合个数，包括 2 到 n 元组合，即为 $C_n^1 + C_n^2 + \cdots + C_n^n = 2^n - 1$，所以有 $m \leqslant 2^n - 1$。证毕。

定义 3-5 广义定位信息集合 $\boldsymbol{\Gamma} = (\gamma_1, \gamma_2, \cdots, \gamma_k, \cdots, \gamma_n)$，$\gamma_k$ 为广义定位信息向量，表示隐私信息分量 i_k 在信息 M 中的位置信息及属性信息，可对隐私信息分量 i_k 快速定位。位置信息用于描述所述 i_k 在信息 M 中的具体位置[2]。例如，页码、章节、段落、序号、坐标、帧序号、时间段、音轨、图层、像素等位置信息。在文本文件中，位置信息主要有页码、章节、段落、序号等，属性信息主要有字体、字号、粗细、斜体、下划线、删除线、上角标、下角标、样式、行间距等；在音频或视频文件中，属性信息则包含字体、大小、粗细、行间距、像素、色度、亮度、音调、语调、语气等。

定义 3-6 审计控制信息集合 $\boldsymbol{\Omega} = (\omega_1, \omega_2, \cdots, \omega_k, \cdots, \omega_n)$，$\omega_k$ 表示 i_k 在传播过程中一个具体的审计控制向量，用于记录隐私信息分量 i_k 在流转过程中的主客体信息和被执行的操作记录，当发生隐私信息泄露时，可进行追踪溯源[2]。例如，在流转过程中，主客体信息包括信息所有者、信息转发者、信息接收者、信息发送设备、信息接收设备、信息传输方式、信息传输信道等，操作记录包括复制、粘贴、剪切、转发、修改、删除等。

定义 3-7 传播控制操作集合 $\boldsymbol{\Psi} = (\psi_1, \psi_2, \cdots, \psi_k, \cdots, \psi_n)$，$\psi_k$ 为传播控制操作向量，用于描述 i_k 及其组合可被执行的操作，例如复制、粘贴、转发、剪切、修改、删除等操作，这些操作不破坏 I 的原子性[2]。其中，$\psi_l = \text{judg}(a_l, \theta_l)$，约束条件向量 $\theta_l = \theta_{k_1} \vee \theta_{k_2} \vee \cdots \vee \theta_{k_s}$，其中，$n+1 \leqslant l \leqslant m$，judg 为操作判别函数，包括但不限于包括人工标记、加权函数中的一种或多种的任意组合。

公理 3-2 跨系统交换时，管控双方若不能完整有效地交换延伸授权的信息，则一定会导致隐私信息泄露[2]。

假设 3-1　隐私计算可以定义成有限个原子操作，其他操作是在有限个原子操作的基础上进行组合得到的[2]。

假设 3-2　隐私计算建立在隐私信息分量的个数有界的前提下[2]。

3.2　隐私计算关键技术环节与计算框架

隐私计算应指导隐私信息保护系统的实现，能够自动地对不同场景、不同类型的隐私信息进行差异化保护，需要构建出清晰的、软硬件高效实现的隐私计算框架，包括隐私信息的感知、隐私化（在环节中称为"隐私化"，在算法中称为"脱敏"）、存储、融合、交换和销毁等关键技术环节。本节描述各环节包含的关键技术问题和隐私计算框架。

3.2.1　隐私计算关键技术环节

隐私计算理论体系及关键技术所涵盖的 6 个环节（感知、隐私化、存储、融合、交换、销毁）的关系如图 3-1 所示。

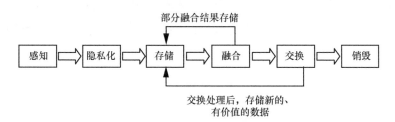

图 3-1　隐私计算关键技术环节

1. 感知环节

感知环节主要关注隐私描述与规约机制、隐私分量判定与量化、互信息计算等问题。

在隐私描述与规约机制方面，需要解决隐私元数据提取、隐私标记和编码、隐私的描述（包括隐私信息主体属性、接收者属性及其映射关系）、隐私信息变化过程、推理规则等。

在隐私分量判定与量化方面，在给定一个或多个数据文档的情况下，判定是否存在隐私，以及隐私分量的量化度量。

在互信息计算方面，重点关注数据中含有隐私分量以及所含隐私分量间互信息的量化度量，数据主体、控制者、处理者和接收者对隐私分量的主观理解和背景知识的互信息度量等。

所设计的隐私计算模型需要具备对主体、时间、空间三维演化的刻画能力。

2. 隐私化环节

隐私化环节主要关注脱敏机制、算法保护能力的评价理论和方法等问题。

在脱敏机制方面，研究如何构造适用于隐私保护、与传统数据加解密不同的脱敏操作，k-匿名、混淆、泛化、抑制、解耦、加扰等都可作为大规模隐私保护信息系统的局部组件。

在算法评价理论和方法方面，需综合判定和评价算法输出数据是否需要全标记、标记是否合理、所选用的隐私保护算法是否满足相应的保护需求、是否具备对抗关联分析能力等方面要素，并给出相应的评价标准理论和方法。

3. 存储环节

存储环节主要关注同质隐私信息去冗、隐私感知的混合数据分割存储、单副本的多用户完整性校验等问题，支持远程访问和细粒度访问的新型访问控制机制、局部数据修改和群修改的新型访问控制机制，以支撑隐私保护删除权、被遗忘权的落地实现。

4. 融合环节

融合环节主要关注隐私信息匹配、隐私信息变换和隐私属性衍生、约束条件映射、隐私操作和隐私保护方案的自适应选择等问题。

5. 交换环节

交换环节主要关注延伸访问控制机制、隐私动态调整、隐私侵权行为的判定和溯源取证等问题，通过延伸授权解决二次分发问题。

6. 销毁环节

销毁环节主要关注确定性删除、通知消息机制等问题。确定性删除需保证隐私化后的信息不能去隐私化，且在接收到用户要求删除指令或者与用户约定信息存储到期后自动删除。建立通知消息机制和一套通知关联系统，通知其他隐私信息控制者和处理者删除隐私信息，释放存储空间。

欧盟和美国已立法分别赋予用户"删除权、被遗忘权"和"橡皮"法律。从技术角度实现这一权力也需要研究确定性删除技术。

3.2.2 隐私计算框架

隐私计算框架是在隐私信息全生命周期的各个环节中建立应用场景、保护需求与计算模型之间的映射关系。基于场景描述和保护需求，适应性地选择相应环节的计算方法实现相应的计算功能。

从全生命周期的角度出发，本书作者提出了如图 3-2 所示的隐私计算框架[2]。该框架面向任意格式的明文信息 M，具体包括以下 5 个步骤。

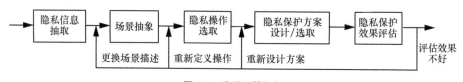

图 3-2 隐私计算框架

1. 隐私信息抽取

根据明文信息 M 的格式、语义等，抽取隐私信息 X，并得到隐私信息向量 I。

2. 场景抽象

根据 I 中各隐私信息分量 i_k 的类型、语义等，对应用场景进行定义与抽象。

3. 隐私操作选取

选取各隐私信息分量 i_k 所支持的隐私操作，并生成传播控制操作集合。

4. 隐私保护方案设计/选取

根据需求选择/设计合适的隐私保护方案。如有可用且适合的方案及参数，则直接选择；如无，则重新设计。

5. 隐私保护效果评估

根据相关评价准则，使用基于熵或基于失真的隐私度量来评估所选择的隐私保护方案的隐私保护效果。有关评估保护隐私效果的详情，请参阅第 3.6 节。

当隐私保护效果评价结果没有达到预期，则执行反馈机制，具体包括 3 种情况：①当场景抽象不当时，则对场景重新进行抽象迭代；②当场景抽象无误但隐私操作选取不当时，则对隐私操作重新进行规约；③当场景、操作均无误时，则对隐私保护方案进行调整/完善，以达到满意的隐私保护效果。

定义 3-8　隐私计算涉及 4 个元素 (X, F, C, Q) [2]，其中，X 代表隐私信息，F 代表隐私运算操作集合，C 代表隐私保护代价，Q 代表隐私保护效果。

定义 3-9　隐私运算操作集合 $F = (f_1, f_2, \cdots, f_k, \cdots)$，$F$ 为对隐私信息 X 实施的隐私保护原子运算操作集合，例如模加、模乘、模幂等计算，泛化、置换、抑制、解耦、加扰、插入、删除等操作[2]。隐私保护算法由隐私运算操作集合中的多个元素构成，且每个元素可重复多次使用。

隐私感知、隐私保护、隐私分析、隐私信息的交换和二次传播、隐私信息融合、隐私信息更新等都可定义为若干个原子运算操作组合而成的特定操作。

隐私运算操作的保护能力也以量化表示。设 f_i 的保护能力为 $l(f_i)$，

$0 \leqslant l(f_i) \leqslant 1$，$l(f_i) = 0$ 表示通过该操作达到完全保护，$l(f_i) = 1$ 表示完全没有保护。因此针对敏感度为 a_k 的隐私分量 i_k，应当选择保护能力大于 $l(f_i)$（$l(f_i) \leqslant a_k$）的隐私操作 f_i。

公理 3-3　当对信息 M 进行隐私运算操作处理后，会导致隐私信息向量的变化，由 I 变为 I'，进而导致隐私属性向量 A 变为 A'，其分量 a_i' 的数量及数值也将发生变化[2]。即当 I 进行隐私运算操作 f_k 后得到 $I' = f_k(I)$，相应地，$A' \neq A$，其中 $A = \sigma(I)$，$A' = \sigma(I') = \sigma(f_k(I))$。

定义 3-10　隐私保护代价 C 代表对信息 M 实施所需的隐私保护所耗费的各种资源的量化，包括计算、存储、网络传输开销等[2]。每个隐私信息分量 i_k 都对应一个隐私保护代价 C_k。其中，C_k 与隐私信息分量 i_k、约束条件向量 $\boldsymbol{\theta}_k$、隐私运算操作分量 f_k 有关，可以表示为

$$C_k = c_k(i_k, \boldsymbol{\theta}_k, f_k) \tag{3-1}$$

由于每个 i_k 都可能有不同的信息类型，例如在一个 word 文件中有文字、图像，甚至还有插入的音频等，因此 i_k 对应的每个函数 c_k 会因信息类型的不同而有不同的表达形式，C 则由 $\{C_k\}$（$1 \leqslant k \leqslant m$）描述。

定义 3-11　隐私保护效果 Q 代表对信息 M 进行隐私保护后所达到的保护效果，即隐私保护前后隐私度量的差值[2]。通常需要综合考虑信息 M 的隐私信息向量、信息访问实体（包括信息所有者、信息接收者、信息发布者等信息创建、传递过程中的参与者）、约束条件、隐私运算操作等要素。在前文中介绍了隐私度量，即隐私属性分量的表达式，为 $a_k = \sigma(i_k, \boldsymbol{\theta}_k)$，其中，函数 σ 包含了对隐私运算操作向量的因素；另外，约束条件的定义中也涵盖了信息访问实体的因素，故与隐私信息分量 i_k 对应的隐私保护效果 Q_k 可表示为

$$Q_k = \Delta\sigma(i_k, \boldsymbol{\theta}_k) = \sigma_{\text{before}}(i_k, \boldsymbol{\theta}_k) - \sigma_{\text{after}}(i_k, \boldsymbol{\theta}_k) \tag{3-2}$$

其中，σ_{before} 表示加入隐私保护之前的隐私度量函数，σ_{after} 表示信息经过隐私保护后的隐私度量函数。

定义 3-12　隐私泄露收益损失比 $L = (L_k)$ 代表隐私信息披露后的收益和

隐私泄露带来的损失比[2]。其与隐私保护代价 C、隐私保护效果 Q 的关系为

$$L_k = l_k(C_k, Q_k) \tag{3-3}$$

隐私计算模型的核心是对隐私计算 4 个因素和隐私泄露收益损失比 L 及其关系的刻画。

3.3 隐私计算的重要特性

将隐私信息抽象描述为六元组是隐私计算自动化的基础。为实现隐私分量可量化、保护需求可量化、算法可组合,以及跨系统隐私信息交换时隐私保护算法效果一致评估,本书作者抽象出隐私计算的 4 个最重要的特性[2]。

1. 原子性

原子性指将隐私信息刻画到不可细分的粒度,即达到隐私信息最小化程度,隐私分量之间交集为空。隐私分量满足原子性是隐私计算的第一个特性,隐私分量的原子性是隐私计算理论体系的基础。隐私分量本身及其组合可量化度量。

将各类文档利用自然语言处理和图像理解等方法抽取出彼此互不相交的语义信息,然后基于隐私知识图谱将其构建为隐私信息中各分量具有原子性的隐私向量。隐私计算与自然语言处理(Natural Language Processing,NLP)等技术的分界就在于隐私计算处理的是隐私信息,而 NLP 等智能方法处理的是从多模态文档中抽取的信息。隐私向量生成框架如图 3-3 所示。

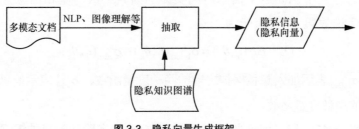

图 3-3　隐私向量生成框架

2. 一致性

映射的一致性指对相同的隐私分量信息，不同算法的隐私保护效果使隐私度量都趋向于零。同时在不同隐私保护系统映射时，算法保护能力强弱的量化关系在映射前后保持一致性。例如算法 A 和算法 B 在系统 1 中的保护能力评估是 A > B，在映射到系统 2 中的评估体系时，仍然保持 A > B。

一致性原则将使算法保护能力量化体系在不同系统中具有一致的可比性，使隐私信息系统在实现过程中可有效比较不同保护算法的效果并方便对其进行组合。

3. 顺序性

隐私保护算法由若干环节组成，不同环节的组合顺序不同可能导致隐私保护的效果不同。总结不同组合顺序隐私保护效果的演化规律，可以支撑隐私保护算法的设计和隐私保护效果的评估。如果隐私保护算法执行顺序不影响隐私保护效果，则这些算法可以并发执行；如果隐私保护算法需要顺序执行，则整个隐私保护算法只能采用串行架构。

4. 可逆性

可逆性用于对隐私防护算法和隐私脱敏算法进行分类。如果算法是可逆的，如基于加密的算法可以通过解密来恢复，此类方法可归类为隐私防护方法。在跨系统交换的应用场景中，如果各系统保护能力存在差异，则会有信息泄露的风险，隐私保护效果不一定能保持。通过泛化、加扰的隐私脱敏方法往往是不可逆的，在跨系统交换应用时能保证不会恢复原始信息，脱敏后的信息能够保持隐私保护的效果。因此，隐私计算重点研究的是不可逆的隐私脱敏算法。

3.4 隐私智能感知与动态度量

隐私信息与应用场景、信息表达方式、人的情绪和心理状态、时空语境均有关联，即因时而异、因人而异、因场景而异。因此，从多模态数据中感知隐私分量、度量隐私大小必须是智能的、动态的。隐私信息在跨系统交换过程中，不同系统保护能力可能存在差异，也需要对隐私信息进行二次动态度量。隐私信息的智能感知与压缩感知、动态度量是隐私自动化计算的基础。

3.4.1　隐私信息智能感知与压缩感知

1. 隐私信息的智能感知

隐私信息的智能感知是针对多模态数据形成隐私信息描述 X 中的隐私信息分量 I，针对不同类型的数据需要使用相应的方法和工具。例如，针对文本数据，可以使用自然语言处理方法将文本分割为最小粒度；针对图像数据，可以采用图像理解算法识别图像数据中包含的语义。在此基础上，基于隐私智能感知算法，识别其中包含的隐私信息分量。

隐私信息的智能感知可以通过预先构建的隐私识别模板或者隐私知识图谱匹配来实现。要保证隐私信息感知的准确率，则需要重点研究隐私知识图谱。

2. 隐私信息的压缩感知

压缩感知（Compressed Sensing）源自信息处理领域，也称为压缩采样或者稀疏采样，通过寻找欠定线性系统的稀疏解，用于获取和重构稀疏或可压缩的信号。相较于奈奎斯特（Nyquist）采样定理，可以用较少的采样值恢复出整个信号。压缩感知基于信号的可压缩性，通过低维空间、低分辨率、欠 Nyquist 采样数据的非相关观测来实现高维信号的感知。

针对隐私感知领域，隐私信息的压缩感知是利用隐私信息的特性，使信息服务提供者采集最少的信息，达到满足个性化服务的效果，或者面向数据挖掘和机器学习的数据交换过程中对数据进行能够达到数据可用性要求的最大强度脱敏。

3.4.2　隐私信息的动态度量

隐私信息的度量是对隐私信息 X 中的隐私属性向量 $A = (a_1, a_2, \cdots)$ 赋值，关键是确定量化操作函数 σ 的具体形式，其随场景、时间、隐私信息主体的主观看法动态变化。一种量化操作函数的定义为

$$a_k = \sigma(i_k) = \frac{I(i_k; i_k')}{H(i_k)} \tag{3-4}$$

设隐私分量 i_k 的熵为 $H(i_k)$，期望施加隐私操作 f 后 i_k 变为 i_k'，二者之间的互信息为 $I(i_k; i_k') = H(i_k) - H(i_k \mid i_k')$，则 a_k 可定义为 $a_k = \dfrac{I(i_k; i_k')}{H(i_k)} = 1 - \dfrac{H(i_k \mid i_k')}{H(i_k)}$，容易证明 $0 \leqslant a_k \leqslant 1$，正好表示的是期望隐私保护程度。因为当不进行保护操作时，$I(i_k; i_k') = H(i_k)$，$a_k = 1$；当完全保护时，$I(i_k; i_k') = 0$，$a_k = 0$。可见这个隐私属性分量的量化定义完全满足定义 3-4 的要求。

为了反映对具体场景、时间和隐私主体的动态性，量化操作函数 σ 也应该增加相应的参数 $\sigma(i_k; s, t, \mathrm{uid})$，$s$ 表示场景，t 表示时间，uid 表示隐私信息的主体，$H(i_k \mid i_k')$ 可以定义为与场景、时间和隐私主体相关。

量化操作函数既可以由上述解析表达式连续赋值，也可以通过指定离散赋值。a_k 最理想的量化方法应当通过个性化长期学习智能且动态的确定，即对隐私信息分量的期望隐私保护强度通过智能化方法个性化地获得。

对一个隐私信息 X 的整体敏感度可以通过加权度量。设 X 的隐私属性向量 $A = (a_1, a_2, \cdots, a_m)$，$w_1, w_2, \cdots, w_m$ 为权重，满足 $\sum\limits_{k=1}^{m} w_k = 1$，则总体敏感度 $a = \sum\limits_{k=1}^{m} w_k a_k$。权重也可以根据个人偏好通过训练和学习来确定和调整。

3.5　隐私保护算法设计准则

不同类型的隐私保护算法虽然具有不同的数学基础理论，但不论数学基础是否相同，隐私保护算法设计准则均应从算法模型化的角度设计算法的整体框

架,考虑算法框架各环节间的关联关系,以框架为基础将不同保护要求参数化,分析算法组合对保护效果影响的规律,并对算法的复杂度和效能建立量化分析体系。

隐私保护算法设计准则[2]是实现隐私保护系统的架构设计、隐私保护状态的传递/迁移的基础,也是保证隐私保护系统实现代码相对稳定、易于在线升级的基础。算法模型化是针对不同保护效果的需求,在保持代码架构不变的情况下只需改变参数设置即可完成。同时对于算法的升级,只需对算法代码的部分环节模块进行升级,提高了代码的稳定性。算法模型的环节化和模块化组合特性的分析,对于算法运行状态维护、提高并行性有重要的作用。因此算法设计准则对隐私计算的落地实现是必不可少的。

3.5.1 隐私保护算法设计的 5 个准则

不同应用场景、不同信息类型的隐私保护需求差异性很大,但是在隐私保护算法设计过程中仍需遵守一定的共性准则。根据隐私计算的思想,本节给出隐私保护算法设计的 5 个基本准则[2]。

准则 1:预处理

对隐私信息 X 进行预处理,确定数据分布特征、取值范围、数据隐私保护敏感度、隐私操作次数的期望值、隐私操作结果的经验分布等。例如,隐私操作次数的期望值 time $= f(I, A, \Theta)$。

准则 2:算法框架

根据应用场景和信息类别,确定隐私保护算法的数学基础,给出算法具体步骤及步骤间的组合关系,并给出隐私属性向量与隐私信息向量之间的关系。例如,对于不要求被保护信息可逆的应用场景,可采用基于泛化、混淆、匿名、差分等技术的隐私保护机制。以差分隐私保护为例,需在准则 1 的指导下,结合 I、A、Θ 以及 C、Q、L 等要素,确定具体的加噪机制。

准则 3:算法参数设计

根据隐私保护效果与可用性的应用需求,结合准则 1 和准则 2,确定隐私保护算法中相关参数的具体取值。例如，差分隐私机制中需根据隐私保护需求确定隐私操作次数的期望值（对基于拉普拉斯机制的差分隐私保护方案需确定隐私预算 ε 的取值），还需根据具体的查询函数确定敏感度、隐私操作结果的社会经验值，在准则 2 中已确定的加噪机制前提下，结合 I、Θ，确定添加噪声的具体分布。

准则 4：算法组合

根据应用场景和信息特征，在算法内部实现不同步骤的组合，或在相似算法间实现排列组合，以达到安全性或性能方面的提升。例如，在采用差分隐私保护过程中，结合 I、Θ 以及差分隐私相关组合性质，包括后处理性质、顺序组合性质和平行组合性质等，实现同一算法在步骤间的动态组合。对于具有复杂隐私保护需求的应用场景，例如，同时兼顾发布数据的统计特征和匿名性，需在隐私信息处理过程中充分考虑各类具有相近数学机理的算法特征，通过有机整合以确保满足复杂隐私保护需求，并提升整体的安全性和性能。

准则 5：算法复杂度与效能分析

从需要保护的隐私信息分量数目、算法安全参数取值范围、算法的时间复杂度和空间复杂度、隐私保护效果的期望值等因素，综合分析评估隐私保护算法的实现代价，以评估所选算法是否适合所对应的应用场景。

3.5.2 隐私保护算法设计准则实例

下面，以差分隐私机制为例说明上述准则的适用性。

1. 预处理

在差分隐私保护算法中，记隐私信息为 X，根据 X、约束条件集合 Θ 和传播控制操作集合 Ψ，生成对应的隐私信息向量集合 $I = i(X, \Theta, \Psi)$，分析 I 的分布特征 $\Phi = \phi(I)$，确定 I 的取值空间或者取值集合 Ran。根据定义在 I 上的统计查询函数 $g(\cdot)$，确定查询次数的期望值 $t(\cdot)$ 和查询结果的社会经验值 $v(\cdot)$，得到添加的噪声取值空间或取值集合 $S = s(\varPhi, \mathrm{Ran}, g(\cdot), t(\cdot))$，并计算统计查询函数 $g(\cdot)$ 的敏感度。对于一个定义在 $\boldsymbol{I}$ 的子集 D 上的统计查询函数 $g(\cdot)$，其敏感度定义为

$$\Delta g = \max \| g(D_1) - g(D_2) \|_p$$

其中，$D_1, D_2 \subseteq \boldsymbol{I}$，$D_1$、$D_2$ 为任意两个相差最多一个元素的集合，称为相邻集合，$p \geqslant 1$ 且 $p \in \mathbb{N}$。

2. 算法框架

基于预处理结果，充分考虑隐私保护复杂度 C、隐私保护效果 Q 等要素，将差分隐私机制的数学定义表示为

$$\Pr[\mathrm{Alg}(D_1) \in S] \leqslant h(\cdot) \Pr[\mathrm{Alg}(D_2) \in S] + \delta(\cdot)$$

其中，$h(\cdot) = h(\lambda, \varepsilon, \kappa)$ 表示扩展的隐私预算，其中 λ 为常数，与噪声分布相关，ε 与查询次数期望值相关，κ 与查询结果社会经验值相关；$\delta(\cdot) = \delta(\varepsilon, \kappa)$ 为修正参数，用来放宽条件使算法满足差分隐私定义；D_1、D_2 是一对相邻集合；Alg 为一个随机化算法。

差分隐私保护算法框架为

$$\text{While } \mathrm{Alg}(g) \notin v(\cdot)$$
$$\text{Do } \mathrm{Alg}(g) = g(D) + \mathrm{Noise}(\mu(\cdot), b(\cdot), q(\cdot))$$

其中，Noise $(\cdot)$ 为噪声函数集，产生的噪声满足 $(h(\cdot), \delta(\cdot)) - \mathrm{DP}$ 条件；$\mu(\cdot)$ 为产生噪声的期望；$b(\cdot)$ 为尺度参数函数，控制噪声分布的范围；$q(\cdot)$ 为指数机制中的效用函数，控制数据经过加噪后输出某种结果的概率预期。根据应用场景和信息类别，选择具体的噪声分布和算法参数。

3. 算法参数设计

根据用户对隐私保护强度和可用性的应用需求，并结合隐私信息向量 $\boldsymbol{I}$ 的取值范围 Ran、查询次数的期望值 $t(\cdot)$ 等要素，确定噪声分布的具体参数取值。其中，μ 与输出结果的均值需求有关；$b(\cdot)$ 与 $h(\cdot)$、数据集敏感度 Δg、噪声取

值空间或取值集合 S 等有关，即 $b(\cdot) = b(h(\cdot), \Delta g, S)$ ； $q(\cdot)$ 与 S 、查询结果的社会经验值有关，即 $q(\cdot) = q(S, v(\cdot))$ 。

4. 算法组合

差分隐私机制具有如下组合特性。

后处理性质（Post-Processing Property）：如果 $\mathrm{Alg}_1(\cdot)$ 满足 ε-DP ，则对于任意的算法（可能是随机的） $\mathrm{Alg}_2(\cdot)$ ，组合后的算法 $\mathrm{Alg}_2(\mathrm{Alg}_1(\cdot))$ 也满足 ε-DP 。

顺序组合性质（Sequential Composition）：如果 $\mathrm{Alg}_1(\cdot)$ 满足 ε_1-DP ，并且对于任意的 s ， $\mathrm{Alg}_2(s, \cdot)$ 满足 ε_2-DP ，则 $\mathrm{Alg}(D) = \mathrm{Alg}_2(\mathrm{Alg}_1(D), D)$ 满足 $(\varepsilon_1 + \varepsilon_2)$-DP 。

平行组合性质（Parallel Composition）：如果 $\mathrm{Alg}_1(\cdot), \mathrm{Alg}_2(\cdot), \cdots, \mathrm{Alg}_k(\cdot)$ 是 k 个满足 ε_1-DP ， ε_2-DP ，$\cdots$，ε_k-DP 的算法， $D_1, D_2, \cdots, D_k$ 是 k 个不相交的数据集，则 $\mathrm{Alg}_1(D_1), \mathrm{Alg}_2(D_2), \cdots, \mathrm{Alg}_k(D_k)$ 满足 $\max(\varepsilon_1, \varepsilon_2, \cdots, \varepsilon_k)$-DP 。

当使用差分隐私保护算法对不同数据集的多种查询统计进行保护时，可以利用上述 3 种性质对算法的不同步骤进行组合。

5. 算法复杂度和效能分析

差分隐私保护算法是将噪声与隐私信息相加，因此复杂度主要取决于噪声的生成，隐私保护效果也取决于噪声的大小。这些均与数据集特征、数据集敏感度计算等噪声生成的参数相关，可由算法 Alg 的复杂度 $C(\mathrm{Alg}) = c(\Phi, \Delta g, h(\cdot), \delta(\cdot), \mu(\cdot), b(\cdot), q(\cdot))$ 和算法 Alg 的隐私保护效果 $Q(\mathrm{Alg}) = \Delta\sigma(h(\cdot), \delta(\cdot), \mu(\cdot), b(\cdot), q(\cdot))$ 来刻画。

3.6　隐私保护效果评估

隐私保护效果评估是支撑信息发布、统计查询和数据交换的决策依据，也是筛选和自动化选择隐私保护算法的基础。在大型隐私保护系统中，算法的保护效果评估可以支撑根据系统要求自适应动态替换算法，同时保持系统框架的相对稳定。

效果评估与算法保护能力量化、隐私信息感知量化间匹配或映射关系的联动研究，是隐私计算所需要的隐私保护效果评估。本书作者从可逆性、延伸控制性、偏差性、复杂性和信息损失性 5 个维度对隐私保护效果建立评估体系。

定义 3-13 隐私保护算法/方案 f 是由隐私运算操作集合 F 中的操作 f_i 组合而成的。f 对隐私信息向量 I 进行作用后，对应的隐私属性向量 A 中各分量将趋近于 $0^{[2]}$。对 I、A，其中 $A=\sigma(I)$，若 $f \in F^k, I' = f(I), A' = \sigma(I')$，使得 $\|A'\| < \|A\|$，则称 f 为隐私保护算法，其中，$\|\cdot\|$ 表示向量 A 的某种测度，例如 L_2 范数。

定义 3-14 隐私保护效果评估是指隐私信息向量 I 被不同隐私保护算法 f 作用后，新的隐私信息向量 I' 对应的隐私属性向量的评估$^{[2]}$。$\sigma(f(I))$ 越趋近于 0，则隐私保护算法的效果越好。

设隐私信息 X 的隐私向量为 I，属性向量度量为 $\|A\|$，两个隐私保护算法 f_1、f_2 对隐私信息操作后的属性度量分别为 $\|A_1\|$ 和 $\|A_2\|$，若 $\|A_1\| < \|A_2\|$，则 f_1 的隐私保护效果大于 f_2。

公理 3-4 隐私保护的效果是可评估的$^{[2]}$。

效果评估主要包括隐私信息的可用性、隐私保护的不可逆性、在可受控环境下的可逆性。

隐私信息的可用性指隐私信息在经过隐私保护算法作用后的新信息对系统功能或性能的影响。可用性可以用保护前后数据的均方误差、汉明距离等量化度量。

隐私保护的不可逆性指第三方或攻击者基于其能力，从其所获取的隐私保护算法和信息中无法推断出原始的隐私信息。

在可受控环境下的可逆性指第三方在某些信息已知的情况下可以对隐私保护后的信息进行全部或部分还原。

基于此，本书作者将隐私保护效果评估的关注点抽象为以下五大评价指标[2]。

3.6.1 可逆性

可逆性是指隐私保护算法执行前后隐私信息的被还原能力，具体是指攻击者/第三方从所观测到的隐私信息分量 i'_k 推断出隐私信息分量 i_k 的能力。若攻击者/第三方能准确推断出 i_k，则具备可逆性，否则不具备可逆性。

例如，当有数据需要发布时，首先对所选隐私保护方案在不同攻击下的抵抗能力进行评估，然后根据隐私保护处理过的待发布信息计算隐私属性向量，进而得出不同攻击下的非授权信息还原度和授权信息还原度。

猜想 3-1 可逆的隐私保护算法在隐私信息跨信任域传播后，如果隐私保护策略不匹配，则会造成隐私泄露。

可逆运算算法是指可以恢复保护数据原有信息量的算法，包括但不限于加密算法、变换算法。不可逆运算算法包括但不限于单向有损压缩、布隆过滤器模糊、马赛克算法。

3.6.2 延伸控制性

延伸控制性是指跨系统交换过程中接收方的隐私信息保护效果与发送方的保护要求的匹配程度，具体是指隐私信息 X 从系统 Sys_1 转到系统 Sys_2 后，其在系统 Sys_1 中的隐私属性分量 a_k 与在系统 Sys_2 中的隐私属性分量 a'_k 的偏差。对任意 k，在不同系统中，若 $a_k = a'_k$，则说明延伸控制性良好，否则延伸控制性有偏差。

例如，用户 Alice、Bob、Charles 互为朋友，Alice 在微信朋友圈中发布的一条隐私信息，设置了允许 Bob 看，不允许 Charles 看，但 Bob 将该信息转发至其新浪微博，且未设置访问权限限制，此时 Charles 就会看到。在该情况下，用户 Alice 对该条隐私信息在新浪微博中的访问控制权限与其在微信朋友圈中的访问控制权限就不匹配。

3.6.3　偏差性

偏差性是指隐私保护算法执行前后隐私信息分量 i_k 和隐私保护后发布攻击者或第三方可观测到的隐私信息分量 i'_k 之间的偏差。

例如，位置隐私保护中，用户真实所处位置 (m,n) 与位置隐私保护算法（位置偏移算法）执行后的位置 (m',n') 之间的物理距离为 $\sqrt{(m-m')^2+(n-n')^2}$。

3.6.4　复杂性

复杂性指执行隐私保护算法所需要的代价，即隐私保护复杂性代价。

例如，对特定向量进行置换操作（用*替代特定关键字）所需消耗的计算资源小于进行 k-匿名操作（k=30）所需的计算资源。

3.6.5　信息损失性

信息损失性指信息被扰乱、混淆等不可逆的隐私保护算法作用后，对信息拥有者来说缺失了一定的可用性。

例如，在位置隐私当中，当用户不进行 k-匿名时，用户向服务器发送真实的地址，服务器会返回精确的推送信息；但当用户采取 k-匿名后，服务器会返回对用户来说粗粒度的推送信息，不可用的结果比例增加，造成了一定的信息可用性损失。

3.7　隐私计算语言

隐私计算语言（ Privacy Computing Language, PCL ）[2]用于隐私信息的定义、脱敏、控制等操作高效简洁地形式化描述。隐私计算语言能够便捷地支持隐私信息跨平台交换；可对开发者屏蔽复杂的理论细节，降低程序开发者的技术门槛，提升系统开发效率，从而快速构建隐私保护信息系统；可作为隐私保护的形式化描述语言，能够准确地描述隐私计算各个环节的操作，便于隐私计算理论的准确表达，易于学者之间交流以及开发者理解。

3.7.1 隐私定义语言

隐私定义语言用于描述信息 M 的隐私计算的数据类型和数据格式及其相关的完整性约束。其中，数据类型主要包括比特串型、整型、浮点型、字符串型、逻辑型、表页数据、元数据、网页数据、文本数据、图像数据、音频数据、视频数据等。隐私定义语言还用于描述文本、图像、音频、视频等对象的计算步骤，包括隐私信息抽取、场景抽象、隐私操作选取、隐私保护方案选择/设计、隐私保护效果评估等。隐私定义语言主要应用于隐私感知、存储、交换、销毁等环节。隐私定义语言目前正在研究，形成具有普适性的成果还需一段时间，现阶段可以采用 XML（eXtensible Markup Language）、JSON（JavaScript Object Notation）来辅助实现。

3.7.2 隐私操作语言

隐私操作语言用于描述对信息 M 进行操作的行为，操作主要包括模加、模乘、模幂、异或、置换、扰乱、查询、选中、删除、修改、复制、粘贴、剪切、转发等。例如，"复制"等价于"Ctrl+C"，是指将文本、图像、语音、视频等格式的文件或其中选定的一部分内容的副本临时存放在一段内存区域中，以便后续的粘贴、转发等操作。隐私操作语言主要应用于隐私化、存储、融合、销毁等环节。隐私操作语言目前正在研究，形成具有普适性的成果还需一段时间，现阶段可以参考领域专用语言来辅助实现。

3.7.3 隐私控制语言

隐私控制语言用于描述对信息 M 的访问控制权限的授予、鉴别和撤销等，其中，常见的权限主要包括选中、复制、粘贴、转发、剪切、修改、删除、查询等。例如，"复制"类似于授予文本、图像、语音、视频等格式的文件或其中选定的一部分内容可以被复制的权限，以支持后续的"复制"操作。隐私控制语言主要应用于感知、存储、融合、交换、销毁等环节。隐私控制语言目前正在研究，形成具有普适性的成果还需一段时间，现阶段可以参考领域专用语言、XML 或 JSON 来辅助实现。

3.8　隐私侵权行为判定与追踪溯源

在隐私交换过程中，虽然有延伸控制机制，但总存在攻击者试图想办法绕过或者篡改控制机制，或者不完整地按延伸控制要求进行控制操作。任何技术都无法提供绝对万无一失的保护，因此从整个技术发展的历史规律来看，隐私的保护与隐私的滥用是一对此消彼长的矛盾演化过程，所以一个成熟的隐私计算体系应该包含隐私侵权行为的判定与溯源。

在隐私信息系统中，实现隐私侵权行为判定是自动取证的基础，也是阻断隐私侵权行为扩散的重要关键技术，判定技术需要支持在线和离线实现。隐私侵权行为判定是在隐私信息的溯源记录中根据隐私侵权行为的判定标准，判断是否存在违反约束条件和控制策略的行为；溯源是在隐私信息交换过程中将交换的路径、交换过程中的相关操作以不可篡改的方式记录在隐私信息的审计控制信息集合 Ω 当中，为判定、取证和追踪提供依据。判定需与追踪溯源联动研究，构建一个有机结合的整体机制，而不是两个割裂开来的不相关的技术。

在隐私计算的框架体系下，隐私侵权行为及取证存在于其各个步骤中。隐私侵权溯源取证主要包括隐私侵权行为追踪溯源取证框架、隐私侵权行为判定、隐私侵权溯源取证 3 个部分。

3.8.1　隐私侵权行为追踪溯源取证框架

基于隐私计算框架，本书对隐私侵权的特征和流程进行抽象，并将其整合到隐私计算框架的各个步骤中。隐私侵权行为追踪溯源取证框架[2]如图 3-4 所示。

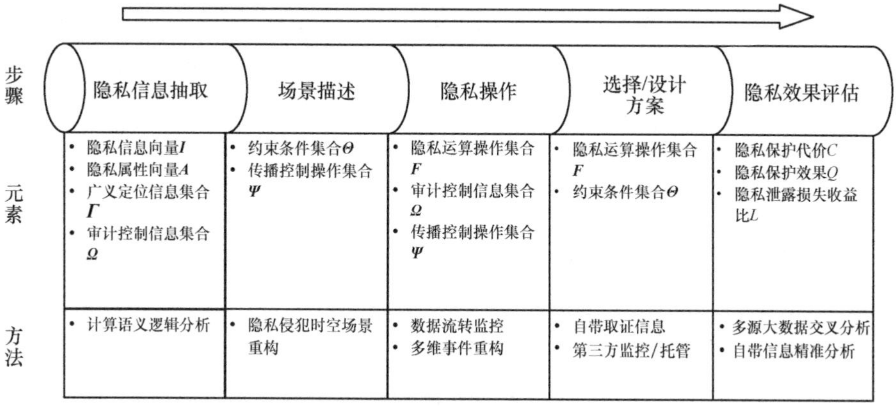

步骤	隐私信息抽取	场景描述	隐私操作	选择/设计方案	隐私效果评估
元素	• 隐私信息向量 I • 隐私属性向量 A • 广义定位信息集合 Γ • 审计控制信息集合 Ω	• 约束条件集合 Θ • 传播控制操作集合 Ψ	• 隐私运算操作集合 F • 审计控制信息集合 Ω • 传播控制操作集合 Ψ	• 隐私运算操作集合 F • 约束条件集合 Θ	• 隐私保护代价 C • 隐私保护效果 Q • 隐私泄露损失收益比 L
方法	• 计算语义逻辑分析	• 隐私侵犯时空场景重构	• 数据流转监控 • 多维事件重构	• 自带取证信息 • 第三方监控/托管	• 多源大数据交叉分析 • 自带信息精准分析

图 3-4　隐私侵权行为追踪溯源取证框架

1. 隐私信息抽取

当信息 M 产生时，通过语义逻辑的计算分析抽取或标注其隐私信息，得到隐私信息向量 I、广义定位信息集合 Γ 和审计控制信息集合 Ω，并计算得到隐私属性向量 A。此阶段主要用于界定隐私信息。

2. 场景描述

对信息所处场景进行抽象描述，得到约束条件集合 Θ、传播控制操作集合 Ψ。该阶段提供了对隐私侵权行为的判定标准，当不满足上述条件时，则判定为隐私侵权行为发生。

3. 隐私操作

依据场景限制给各个隐私信息分量分配可进行的操作，形成隐私运算操作集合 F，并在此基础上建立传播控制操作集合 Ψ；记录信息主体对该信息的隐私操作，生成或更新审计控制信息集合 Ω。超出上述两个集合的操作也会被判定为隐私侵权。

4. 选择/设计方案

在该过程中，分析所选择/设计方案中涉及的运算是否满足隐私运算操作集合，操作的动作、对象、结果等是否超出约束条件集合。防范隐私侵权行为发生，并作为隐私侵权判定标准。

5. 隐私效果评估

该环节包括分析计算隐私保护代价 C、隐私保护效果 Q 和隐私泄露损失收益比 L。当上述因素未达到预定目标时，则需要对隐私信息全生命周期保护进行反馈审核。

当发生隐私侵权时，需对前 4 个步骤中的信息流进行溯源分析，追踪隐私侵权发生的主体。基于隐私信息六元组以及第三方监控或托管，界定隐私信息，判定隐私侵权行为，并通过隐私计算框架中各个步骤的联动，对异常行为进行取证，并找到侵权行为的源头，实现溯源取证。

3.8.2 隐私侵权行为判定

1. 隐私侵权行为的判定标准生成

根据隐私信息的隐私保护需求，生成隐私信息的隐私侵权行为判定标准。隐私保护需求包括隐私保护算法类型、保护强度、隐私化效果等[3]。

隐私信息的隐私侵权行为判定标准可采用可扩展标记语言等作为描述语言，判定标准描述内容为集合{操作主体，操作客体，操作行为，操作属性，约束条件，…}，以及定义在这个集合上的逻辑表达式。其中，操作主体可包括信息所有者、信息转发者、信息接收者、信息发送设备、信息接收设备、信息传输设备等；操作客体指被操作的隐私信息；操作行为包括隐私信息传播操作、隐私信息处理操作等；操作属性指执行操作行为应满足的属性条件，包括触发条件、环境信息、使用范围、媒体类型等，其中触发条件描述激活隐私侵权行为判断的条件，如离开或进入系统边界、离开或进入网络边界、发送隐私信息前、接收隐私信息前、其他自定义规则等，环境信息包括角色、时间、空间位置、设备、网络、操作系统，使用范围描述隐私操作的应用场景，如用于打印、显示器显示、移动存储介质交换、网络传输等，媒体类型描述隐私信息文件的媒体格式，如文本、图片、音频、视频、超媒体等；约束条件描述操作行为的权限，如允许或不允许。

2. 隐私侵权行为的判定

根据隐私侵权行为判定标准，判断六元组中的审计控制信息是否存在隐私侵权行为[3]。具体步骤如下：① 生成审察项；② 根据审察项对审计控制信息进行筛选，生成行为取证信息；③ 当行为取证信息可信时，根据隐私侵权行为判定标准判断行为取证信息中是否存在隐私侵权行为，生成隐私侵权行为判定结果。

行为取证信息是筛选审察项所界定范围的审计控制信息。从行为取证信息判断是否存在隐私侵权行为的步骤如下：① 当隐私侵权行为判定标准中包括操作主体和操作客体时，其操作主体为行为取证信息中的操作主体，操作客体为行为取证信息中的操作客体所对应的操作属性、操作行为和约束条件等内容；② 当隐私侵权行为判定标准中包括操作主体、不包括操作客体时，该操作主体为行为取证信息中的操作主体所对应的操作属性、操作行为和约束条件等内容；③ 当隐私侵权行为判定标准中不包括操作主体、包括操作客体时，该操作客体为行为取证信息中的操作客体所对应的操作属性、操作行为和约束条件等内容；④ 将判定标准中的操作属性与行为取证信息中的操作行为发生环境进行比对，将获得的操作行为和约束条件与行为取证信息中的操作行为进行比对。

当满足以下情况之一时，确定行为取证信息中存在隐私侵权行为：① 行为取证信息中操作主体的操作行为发生环境超出获得的操作属性；② 行为取证信息中操作主体的操作行为超出所在约束条件下允许的操作行为。

当行为取证信息中该操作主体的所有操作行为均未超出所在约束条件下允许的操作行为，且所有操作行为发生环境均未超出获得的操作属性时，确定行为取证信息中不存在隐私侵权行为。

3.8.3 隐私侵权溯源取证

为了解决隐私侵权事件发生后时空场景重构的关键问题,应该基于隐私信息六元组记录在审计控制信息中的取证信息、第三方监控与交叉多元素大数据分析,设计实用有效的隐私信息溯源取证方案[3]。具体包括:① 生成信息的证据样本数据,包括隐私信息、隐私信息的溯源记录信息和隐私信息的隐私侵权行为判定标准;② 将证据样本数据以多元组方式通过绑定、嵌入、追加等方式保存到信息中,其中绑定方式是将隐私信息与证据样本数据建立链接,两种数据不需要存储在同一位置;嵌入方式是将证据样本数据存储在隐私信息文件原本格式的自定义区域内;追加方式是指修改原隐私信息的文件格式,将其修改成自定义文件格式,并新增自定义的字段用于存储证据样本数据。

李凤华等[3]针对图片隐私侵权行为设计了一个溯源取证方案,包括以下两个阶段。

1. 溯源信息记录阶段

在图片开始流转时,由图片所有者创建溯源标识,包括隐私信息、隐私信息判定标准、溯源记录信息。在图片传播过程中,每流转到一个用户时,采用溯源记录函数生成溯源记录信息,将用户对图片隐私信息执行的分享操作、处理操作和行为发生环境记录在溯源信息记录中。

溯源记录信息为集合{操作主体,操作客体,操作行为,操作行为发生环境}中元素的排列组合,以及元素间的映射关系。

溯源记录函数包括映射函数、哈希函数、加密函数、签名函数等,其中映射函数用于为操作主体、操作客体、操作行为和操作行为发生环境等信息的关联组合建立映射关系;哈希函数、加密函数和签名函数用于防止溯源记录信息被恶意篡改,或者用于防止在取证过程中恶意操作主体否认操作行为。

该方案利用嵌套签名保障图片在传播过程中不被恶意篡改和伪造。嵌套签名具体过程是图片所有者创建溯源标识，生成第一条溯源记录信息并签名，将记录添加到审计控制信息里；后续每一个图片转发者对先前记录验签后，将自己的操作行为记录与先前溯源记录信息及其签名合并进行签名。该阶段可以合并到延伸控制机制中完成。

2. 溯源取证阶段

当图片隐私泄露情况发生时，从发现情况的节点出发，向根节点方向溯源，即可获得一条图片隐私信息的溯源链。取证人员通过逐层验签确认溯源标识的完整性，并根据溯源记录信息和隐私侵权行为标准判定是否有隐私行为发生，溯源取证判定与溯源流程如图 3-5 所示。具体步骤如下：①判断当前节点溯源记录信息中是否存在违反隐私侵权行为标准（或延伸控制策略）的操作行为；②当前节点的溯源记录 Rec_i 不存在隐私侵权行为时，则对上一节点的溯源记录 Rec_{i-1} 进行判断，并重复执行①，直到判断隐私侵权行为终止。通过对比隐私侵权行为判定标准，判断是否发生隐私侵权行为。

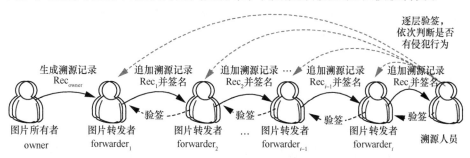

图 3-5　溯源取证判定与溯源流程

隐私信息溯源取证是根据审察需求获取证据样本数据，根据隐私侵权行为判定标准判断溯源记录信息中是否存在隐私侵权行为，生成隐私侵权行为判定结果；根据隐私侵权行为判定结果进行隐私侵权行为溯源，生成隐私侵权证据链。

此外，需要对隐私侵权证据链进行安全性保障，即生成隐私侵权证据链的审计信息，计算隐私侵权证据链和审计信息的完整性校验值，并对隐私侵权证据链生成用户和隐私侵权证据链接收用户进行数字签名。

审计信息记录了隐私侵权证据链中取证样本数据的获取记录，包括隐私侵权行为判定结果、信息来源、取证人员、经手人，完整性校验值用于保障隐私侵权证据链和审计信息不被恶意篡改，数字签名用于保障隐私侵权证据链在提交过程中不被恶意篡改。

3.9　隐私信息系统架构

隐私计算的理论如果不能指导隐私信息系统开发，或者不能解决隐私信息系统高能效和高并发的现实需求，那么隐私计算的普适性和普及应用就会受限，隐私计算理论的实用性就不强，因此隐私信息系统架构研究是隐私计算的重要组成部分，也是本书作者提出的隐私计算区别于普适计算、城市计算等"计算"概念的主要特征之一。

隐私信息系统架构是隐私计算实现的一种指导性的框架，在完整实现隐私计算的基础上，还应该具备隐私信息泛在传播、场景自适应保护、高并发的隐私信息交互、高效能的分布式架构等典型特征。

3.9.1　隐私信息系统架构

隐私信息系统架构[2]包括语义提取、场景抽象、隐私信息变换、隐私信息融合、隐私操作选取、隐私保护方案设计/选取、隐私保护效果评估等环节，如图 3-6 所示。

图 3-6 中，F 为隐私操作集合，A 为隐私属性向量，Γ 为广义定位信息集合，Ω 为审计控制信息集合，Θ 为约束条件集合，Ψ 为传播控制操作集合，$\overline{X}$ 为归一化隐私信息，f 为隐私操作，$f(\overline{X})$ 为执行操作后的归一化隐私信息。

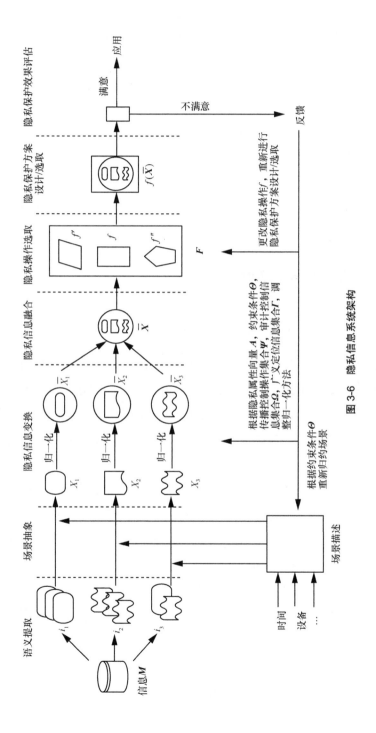

图 3-6　隐私信息系统架构

从信息 M 中通过语义提取获取隐私信息向量 I，并根据时间、所使用的设备等场景描述进行场景抽象，对隐私信息向量度量形成隐私属性向量 A，同时根据场景映射关系确定约束条件，传播控制操作集合、审计控制信息集合、广义定位信息集合后得到隐私信息描述的六元组 X，对不同的隐私信息 X_i 进行归一化后可以进行隐私信息融合操作得到融合隐私信息 $\bar{X}$。对隐私信息 $\bar{X}$ 在隐私操作集合中选取适应的隐私操作，设计/选取得到隐私保护方案。对保护后的信息进行隐私效果评估，如果达到需求，则应用该方案；如果未达到要求，则根据约束条件重新归约场景，并更改隐私操作，重新进行隐私保护方案设计/选取，直至达到目标。

3.9.2 隐私信息描述实例

1. 对文本信息生成隐私文档描述信息及其使用方法

下面举例说明隐私信息描述和使用方法[4]。假设文档信息为文本信息，该文本信息 T 位于第 11 页、第 3 段、第 2 行，内容是"lucy 和 willy 去中关村吃饭"，文本信息创建者为 creator，文本信息中汉字的编码大小为 2 字节，英文字符的 ASCII 码大小为 1 字节，可根据以下 9 个步骤完成隐私信息的处理。

步骤 1　隐私信息向量生成单元收到文本信息 T，根据文件标识符确定信息的类型，并根据语义特征将文本信息 T 进行拆分得到 7 个在语义上不可分割的隐私信息分量 lucy、和、willy、去、中关村、吃、饭，隐私信息向量可以表示为 $I=$ (id，lucy，和，willy，去，中关村，吃，饭)。

分别获取隐私信息分量 lucy、和、willy、去、中关村、吃、饭在文本信息 T 中的广义定位信息向量 γ_1、γ_2、γ_3、γ_4、γ_5、γ_6、γ_7。在本例中，利用页码、段落、行数、起始位和终止位来表示定位信息，利用字体、字号来表示属性信息。假设 $\gamma_1=$（P11，S3，R2，0，4；Times New Roman，四号）表示隐私信息分量 lucy 位于文本信息 T 的第 11 页、第 3 段中的第 2 行，起始位为 0，终止位为 4，字体和字号分别为 Times New Roman、四号。同理可以得到 γ_2、γ_3、γ_4、γ_5、γ_6、γ_7，生成广义定位信息集合 $\boldsymbol{\varGamma}=(\gamma_1, \gamma_2, \cdots, \gamma_7)$。

分别获取隐私信息分量 lucy、和、willy、去、中关村、吃、饭的审计控制信息向量 $\omega_1, \omega_2, \cdots, \omega_7$。在初始化阶段，审计控制信息向量可以为空。当审计控制信息向量非空时，假设 ω_1 =(UID$_1$，复制，转发；UID$_2$，转发，修改)表示隐私信息分量 lucy 先后被唯一标识为 UID$_1$ 和 UID$_2$ 的用户访问和操作过，其中"UID$_1$，复制，转发"表示隐私信息分量 lucy 被用户 UID$_1$ 执行了复制、转发的操作；当该隐私信息分量传播至用户 UID$_2$，则被执行了转发和修改的操作。同理可以得到 $\omega_2, \omega_3, \cdots, \omega_7$，生成审计控制信息集合 $\boldsymbol{\varOmega}=(\omega_1, \omega_2, \omega_3, \cdots, \omega_7)$。

步骤 2　约束条件集合生成单元收到隐私信息向量 $\boldsymbol{I}$=(id,lucy,和,willy,去,中关村,吃,饭)，根据隐私信息分量的应用场景，文件创建者 creator 对隐私信息分量 i_k 设置相应的约束条件向量 $\theta_k=(u_k, t_k, d_k, n_k)$，其中，$k$ 为取值范围从 1 到 7 的正整数，u 表示访问者名单，t 表示访问时间，d 表示访问设备，n 表示网络标识。例如，假设 $\theta_1=$ (UID$_1$,9:00−21:00,9EF0038DE32,10.10.30.13) 表示只有用户标识为 UID$_1$、时间区间为 9:00−21:00、设备 ID 为 9EF0038DE32、网络 IP 地址为10.10.30.13的用户才能访问隐私信息分量 lucy。同理，creator 可对其他隐私信息分量设置约束条件向量 $\theta_2, \cdots, \theta_7$。因此，约束条件集合可表示为 $\boldsymbol{\varTheta}=\{\theta_1, \theta_2, \cdots, \theta_7\}$。

步骤 3　隐私属性向量生成单元收到隐私信息向量 $\boldsymbol{I}$ = (id,lucy,和,willy,去,中关村,吃,饭)和约束条件集合 $\boldsymbol{\varTheta}=(\theta_1, \theta_2, \cdots, \theta_7)$，通过预先标记或隐私保护程度量化操作函数，生成各个隐私信息向量的隐私属性分量 $a_1, a_2, \cdots, a_7$。由于 lucy 是名字，处于未保护状态，可假设其隐私属性分量为 1（假设隐私属性分量的范围为 0 到 1，隐私属性分量越小，其对应的隐私信息分量的保护程度越高）。由于不同的隐私信息分量可以根据语法或语义相互组合，所得到的组合结果将产生新的隐私属性分量。例如，隐私信息向量 lucy 和 willy 组合后，可能会包含他们之间的社会关系或亲密度等信息，因此其组合结果的隐私属性分量会较原属性分量更小。依据预先标记或隐私保护程度量化操作函数，依次计算隐私信息向量和隐私信息向量组合(id, $i_1, i_2, i_3, i_4, i_5, i_6, i_7, i_1i_2, i_1i_3, i_1i_4, \cdots, i_1i_2i_3i_4i_5i_6i_7$)对应的隐私属性向量 $A = (a_1, a_2, \cdots, a_7, \cdots, a_{127}) = (1, 1, 1, 1, 0.4, 0.3, 0.5, \cdots, 1, 1, 0.8, 1, 1, 1, 1)$ 。

步骤 4 传播控制操作集合生成单元收到隐私属性向量 $A = (a_1, a_2, \cdots, a_7, \cdots, a_{127})$ 和约束条件集合 $\Theta = (\theta_1, \theta_2, \cdots, \theta_7)$ ，根据操作判别函数或人工标记生成隐私信息向量 $I = $ (id，lucy，和，willy，去，中关村，吃，饭)及其组合的传播控制操作集合 $\Psi = (\psi_1, \psi_2, \cdots, \psi_{127})$ 。在初始化阶段，传播控制操作向量可以为空。当传播控制操作向量非空时，假设隐私信息分量 lucy 的传播控制操作向量 $\psi_1 = $ (删除，复制)表示文本信息 M 中的隐私信息分量 lucy 可被执行的操作为"复制、删除"。同理，得到传播控制操作向量 $\psi_2, \cdots, \psi_{127}$ 共同组成传播控制操作集合 $\Psi = (\psi_1, \psi_2, \cdots, \psi_{127})$ 。

步骤 5 隐私文档描述信息生成单元收到隐私信息向量 I 、广义定位信息集合 Γ 、审计控制信息集合 Ω 、隐私属性向量 A 、约束条件集合 Θ 和传播控制操作集合 Ψ ，生成文本信息 M 的隐私文档描述信息 P ，并将 P 封装到文本信息 M 中的索引表后。当然，隐私文档描述信息 P 也可以封装到文本信息 M 中的其他位置。

步骤 6 当不同的用户访问文本信息 T 时，根据其身份信息 Receiver、约束条件集合 $\Theta = (\theta_1, \theta_2, \cdots, \theta_7)$ 和访问阈值生成函数，生成访问阈值向量 $B = (b_1, b_2, \cdots, b_7)$ 。在本实例中，可假设生成的访问阈值向量 $(b_1, b_2, \cdots, b_7) = (0.9, 0.3, 0.9, 0.3, 0.6, 0.1, 0.1)$ 。

步骤 7 计算隐私属性分量 $(a_1, a_2, \cdots, a_7)$ 和访问阈值分量 $(b_1, b_2, \cdots, b_7)$ 间的差值 $c_k = a_k - b_k$ ，其中 k 为取值从 1 到 7 的正整数，得到差值集合 $C = (c_1, c_2, \cdots, c_7) = (0.1, 0.7, 0.1, 0.1, -0.2, 0.2, 0.4)$ 。由于 $c_1, c_2, c_3, c_4, c_6, c_7$ 均大于或等于零，故访问实体可以正常访问隐私信息分量 $(i_1, i_2, i_3, i_4, i_6, i_7) = $ (lucy,和,willy,去,吃,饭)，而其他的隐私信息分量则无法正常访问。

步骤 8 访问实体选择隐私信息分量 lucy 作为操作对象进行复制操作，由于传播控制操作向量 $\psi_1 = $ (删除，复制)，故判断用户可以对隐私信息分量 lucy 进行复制操作。

步骤 9　根据步骤 8 中隐私信息分量 lucy 被执行的选取和复制操作，更新审计控制信息向量 $\omega_1 =$ (Reciever,复制)。由于隐私信息分量 i_1 的复制操作并未改变各个隐私信息分量的广义定位信息向量，故广义定位信息向量不进行更新。

2.　对 JPEG 图像生成隐私文档描述信息

假设文档信息为 JPEG 图像，可根据以下 9 个步骤完成隐私信息的处理。

步骤 1　隐私信息向量生成单元收到 JPEG 图像，根据文件标识符确定信息的类型，并根据语义特征和图像语义分割技术将 JPEG 图像内容进行拆分得到 3 个在语义上不可分割像素集，可作为隐私信息分量 i_1、i_2、i_3，隐私信息向量可以表示为 $I =$ (id,汽车,树,人)[4]。

分别获取隐私信息分量汽车、树、人在 JPEG 图像中的广义定位信息向量 $\gamma_1,\gamma_2,\gamma_3$，得到广义定位信息集合 $\Gamma = (\gamma_1,\gamma_2,\gamma_3)$。在本例中，可根据隐私信息分量在 JPEG 图像中的坐标位置和像素个数来表示其对应的广义定位信息向量。

分别获取隐私信息分量 $I =$ (id,汽车,树,人)的审计控制信息分量 ω_1、ω_2、ω_3。审计控制信息向量的初始化和访问过程中的处理与文本信息类似。

步骤 2　约束条件集合生成单元收到隐私信息向量 $I =$ (id, 汽车, 树, 人)，根据隐私信息分量的应用场景，可对隐私信息分量 i_k 设置相应的约束条件向量 $\theta_k = (u_k,t_k,d_k,n_k)$，其中，$k$ 为取值范围从 1 到 3 的正整数，各项内容和含义与文本信息类似。

步骤 3　隐私属性向量生成单元收到隐私信息向量 $I =$ (id, 汽车, 树, 人) 和约束条件集合 $\Theta = (\theta_1,\theta_2,\theta_3)$，通过预先设定或隐私保护程度量化操作函数，生成各个隐私信息向量的隐私属性分量。不同的隐私信息分量可以根据语法或语义相互组合，所得到的组合结果将产生新的隐私属性分量。例如，隐私信息向量汽车和人组合后，可能会泄露其经济能力。依据隐私保护程度量化操作函数依次计算隐私信息向量和隐私信息向量组合 $(id,i_1,i_2,i_3,i_1i_2,i_1i_3,i_2i_3,i_1i_2i_3)$ 对应

的隐私属性向量 $A = (a_1, a_2, \cdots, a_7) = (0.8, 1, 0.4, 1, 0.3, 0.8, 0.1)$ 。

步骤 4 传播控制操作集合生成单元收到隐私属性向量 $A = (a_1, a_2, \cdots, a_7)$ 和约束条件集合 $\boldsymbol{\Theta} = (\theta_1, \theta_2, \theta_3)$ ，根据操作判别函数判断或人工标记生成各个隐私信息分量及其组合的传播控制操作向量 $(\psi_1, \psi_2, \cdots, \psi_7)$ 。在初始化阶段，传播控制操作向量可以为空。当传播控制操作向量非空时，假设传播控制操作向量 $\psi_1 = $ (复制，转发)表示 JPEG 图像中的隐私信息分量汽车可被执行的操作为"复制、转发"。同理，得到传播控制操作向量 $\psi_2, \cdots, \psi_7$ 共同组成传播控制操作集合 $\boldsymbol{\Psi} = (\psi_1, \cdots, \psi_7)$ 。

步骤 5 隐私文档描述信息生成单元收到隐私信息向量 $\boldsymbol{I}$ 、广义定位信息集合 $\boldsymbol{\Gamma}$ 、审计控制信息集合 $\boldsymbol{\Omega}$ 、隐私属性向量 $\boldsymbol{A}$ 、约束条件集合 $\boldsymbol{\Theta}$ 和传播控制操作集合 $\boldsymbol{\Psi}$ ，生成 JPEG 图像的隐私文档描述信息 $\boldsymbol{P}$ ，并将 $\boldsymbol{P}$ 写入 JPEG 图像中的标识符 EOI，写入的隐私文档描述信息对 JPEG 图像的显示和使用不产生影响。当然，隐私文档描述信息 $\boldsymbol{P}$ 也可以写入 JPEG 图像中的其他位置。

步骤 6 当不同的用户访问 JPEG 图像时，根据其身份信息 Receiver、约束条件集合 $\boldsymbol{\Theta} = (\theta_1, \theta_2, \theta_3)$ 和访问阈值生成函数，生成访问阈值向量 $\boldsymbol{B} = (b_1, b_2, b_3)$ 。在本例中，可假设生成的访问阈值向量 $(b_1, b_2, b_3) = (0.7, 0.3, 0.5)$ 。

步骤 7 计算隐私属性向量 (a_1, a_2, a_3) 和访问阈值向量 (b_1, b_2, b_3) 间的差值 $c_k = a_k - b_k$ ，其中 k 为取值从 1 到 3 的正整数，得到差值集合 $C = (c_1, c_2, c_3) = (0.1, 0.7, -0.1)$ 。

由于 c_1 和 c_2 均大于零，故访问实体可以独立正常访问隐私信息分量 $(i_1, i_2) = $ (汽车, 树)，而隐私信息分量人则无法正常访问，故包含隐私信息分量人的组合都无法访问。由于 i_1 、 i_2 组合对应的隐私属性分量大于 b_1 、 b_2 ，故访问实体可以正常访问的 JPEG 图像的内容为"汽车、树"。

步骤 8 访问实体选择隐私信息分量汽车作为操作对象进行复制操作，由于传播控制操作向量 $\psi_1 = $ (删除，复制)，故判断用户可以对隐私信息分量汽车进行复制操作。

步骤 9　根据步骤 8 中隐私信息分量汽车被执行的复制操作，更新审计控制信息向量 $\omega_1 = (\text{Reciever}, \text{复制})$。由于隐私信息分量汽车的复制操作并未改变各个隐私信息分量的广义定位信息向量，故广义定位信息集合中的元素不进行更新。

3.　对 MP4 视频文件生成隐私文档描述信息

隐私信息向量生成单元收到上述 MP4 视频文件，根据文件标识符确定信息的类型，并根据语义特征和分割算法将 MP4 视频内容进行拆分得到 m 个在语义上不可分割的帧集合[4]。每个帧集合中可以包括一个或多个时间连续的帧，帧集合可作为隐私信息分量 $i_1, i_2, \cdots, i_m$，隐私信息向量可以表示为 $I = (\text{id}, i_1, i_2, \cdots, i_m)$。

得到隐私向量之后，后续的处理流程与文本和 JPEG 信息类似。

3.9.3　隐私计算的应用实例

1.　系统内部不同域间信息交互时的隐私计算实例（实例 1）

以社交网络为例[2]，社交网络 1 的注册用户集合 $U = (u_1, u_2, \cdots)$，每个用户可能有多个朋友圈，记为 $M = (m_1, m_2, \cdots)$，用户之间可通过朋友圈分享信息文件，文件集合记为 D，其中 $m_i \subseteq 2^U$，即朋友圈由多个用户构成，定义用户朋友圈函数为

$$\text{hasCircle}: U \to 2^M \tag{3-5}$$

表示用户拥有的朋友圈，其中 $m_{u_i, j}$ 表示用户 u_i 的第 j 个朋友圈，则有

$$m_{u_i, j} \in \text{hasCircle}(u_i) \tag{3-6}$$

如图 3-7 所示，用户 u_1 将其产生的多媒体文件 $d \in D$ 在其朋友圈 $m_{u_1, 1}$ 中发布，其圈中好友 $u_2 \in m_{u_1, 1}$ 获得该文件，并将该文件转发给自己的朋友圈中的用户 $u_3 \in m_{u_2, 1}$，该过程可分为如下 4 个步骤。

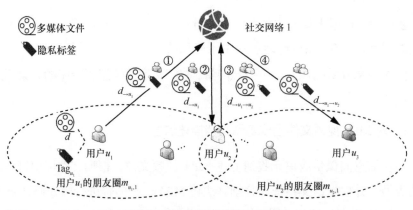

图 3-7 系统内部不同域间信息交互

步骤 1 预置用户 u_1 的隐私保护需求 PR_{u_1} 以及场景描述信息 SS_{u_1} ，并通过隐私标签生成函数 prTag 生成隐私标签 Tag_{u_1} ；再利用标记函数 tagAppend 将 Tag_{u_1} 标记到被用户 u_1 操作后的多媒体文件，然后生成被用户 u_1 标记的文件 $d_{\rightarrow u_1}$ 上传。其中，隐私保护需求需要用户设置，包括文件中隐私信息的保护效果、文件允许流转的范围、允许的访问实体、允许使用的操作集合等，用户隐私保护需求集合记为 $\mathrm{PR}=(\mathrm{pr}_1,\mathrm{pr}_2,\cdots)$ ，定义隐私保护需求设置函数为

$$\mathrm{setPR}:U\rightarrow 2^{\mathrm{PR}} \tag{3-7}$$

表示用户对隐私的相关保护需求，则用户 u_i 的隐私保护需求表示为

$$\mathrm{PR}_{u_i}=\mathrm{setPR}(u_i) \tag{3-8}$$

场景描述信息需要从系统中分析得到，包含文件的生成时间、文件产生者、对文件的操作等，记为 $\mathrm{SS}=(\mathrm{ss}_1,\mathrm{ss}_2,\cdots)$ ，生成场景描述信息的函数定义为

$$\mathrm{genSS}:D\times U\rightarrow 2^{\mathrm{SS}} \tag{3-9}$$

表示系统生成的用户所处场景下的描述信息，则用户 u_i 的场景描述信息为

$$\mathrm{SS}_{u_i}=\mathrm{genSS}(d,u_i) \tag{3-10}$$

同时文件操作函数定义为

$$\mathrm{operFile}:U\times D\rightarrow D \tag{3-11}$$

表示用户对文件操作后得到新的文件，原文件 d 被用户 u_i 操作后的文件记为

$$d_{u_i} = \text{operFile}(u_i, d) \tag{3-12}$$

隐私标签生成函数 prTag，表示文件转发中经过某用户主体而产生的隐私标记，定义为

$$\text{prTag}: U \times D \times 2^{\text{PR}} \times 2^{\text{SS}} \rightarrow X \times 2^F \tag{3-13}$$

令 $\text{Tag} \triangleq X \times 2^F$ 表示生成的标记，其中 X 为隐私信息六元组，F 为隐私运算操作集合。Tag_{u_i} 表示用户 u_i 产生的隐私标记，则有

$$\text{Tag}_{u_i} = \text{prTag}(u_i, d, \text{setPR}(u_i), \text{genSS}(d, u_i)) \tag{3-14}$$

标记函数 tagAppend 定义为

$$\text{tagAppend}: D \times \text{Tag} \rightarrow D \tag{3-15}$$

表示文件流转过程中每经过一个用户，都会将其产生的标签标记到原文件上，并依次迭代，则有

$$d_{\rightarrow u_1} = \text{tagAppend}(d_{u_i}, \text{Tag}_{u_i}) = \text{tagAppend}(\text{operFile}(u_i, d), \text{Tag}_{u_i}) \tag{3-16}$$

步骤 2　验证多媒体文件的标记信息 $d_{\rightarrow u_1}$，判断用户 u_2 是否满足 u_1 的约束条件集合 Θ、传播控制操作集合 Ψ 等，若满足，则可对多媒体进行允许范围内的操作，例如下载、剪辑等。由于该文件允许朋友圈中的好友下载，故用户 u_2 可下载得到 $d_{\rightarrow u_1}$。

步骤 3　用户 u_2 可对从 u_1 处获得的多媒体文件进行修改、增加、删除等允许范围内的操作，得到新文件 $d_{u_1, u_2} = \text{operFile}(u_2, d_{\rightarrow u_1})$，其中 d_{u_1, u_2} 表示文件 d 先被 u_1、后被 u_2 操作后得到的文件，并准备再次转发给用户 u_3 或上传至其所在的其他朋友圈。此时，系统将在从 u_1 处获得的多媒体文件上标记用户 u_2 的隐私标签 $\text{Tag}_{u_2} = \text{prTag}(u_2, d_{u_1, u_2}, \text{setPR}(u_2), \text{genSS}(d, u_2))$，得到

$$d_{\rightarrow u_1 \rightarrow u_2} = \text{tagAppend}(\text{operFile}(u_2, d_{\rightarrow u_1}), \text{Tag}_{u_2}) \tag{3-17}$$

步骤 4　验证标记信息 $d_{\rightarrow u_1 \rightarrow u_2}$，若满足每个标签 Tag_{u_1}、Tag_{u_2} 中的隐私需求，则用户 u_3 能够看到用户 u_2 在社交网络 1 中发布的多媒体文件 $d_{\rightarrow u_1 \rightarrow u_2}$，并进行下载或其他允许范围内的操作。

在上述信息流转过程中，若出现异常行为，例如某用户的操作或其他行为超出了所约定的约束条件集合 Θ 或传播控制操作集合 Ψ 时，则可判定为发生隐私侵权行为。此时，需要通过分析多媒体文件所携带的隐私标签信息进行溯源，根据审计控制信息集合 Ω 等信息重现隐私侵权现场，回溯在哪一主体处、因哪一操作的违规而出现异常，并据此对全生命周期的隐私信息流转进行有效管控，实现对隐私侵权行为的溯源取证。

2. 封闭系统间自主信息交互时的隐私计算实例（实例 2）

同一企业生态圈的两个封闭系统间的信息交互[2]如图 3-8 所示。用户 u_1 将其产生的多媒体文件 d 按照公式（3-16）进行标记后得到 $d_{\to u_1}$，并在其社交网络 1 中的朋友圈 $m_{u_1,1}$ 中发布。服务器得到 $d_{\to u_1}$，并在满足 u_1 的隐私保护需求 PR_{u_1} 将文件转发到同一生态圈的社交网络 2 中。

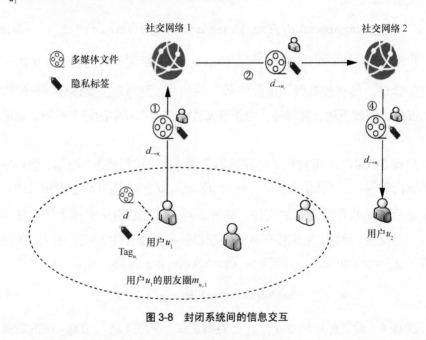

图 3-8　封闭系统间的信息交互

实例 2 中，信息可以在不同的信息系统中传播，而不需要借助用户，因此不需要实例 1 的步骤 3。由此社交网络 2 发布的文件 $d_{\to u_1}$ 可供用户 u_2 进行下载或阅读操作。

在相同的企业生态系统中，当社交网络 1 和社交网络 2 都有一个共同的用户时，用户在不同的封闭信息系统之间进行自主信息交互的情况同样容易说明。

3. 开放系统间信息交互时的隐私计算实例（实例 3）

开放系统间或开放系统与封闭系统间的信息交互[2]如图 3-9 所示。开放系统论坛 Z 用户 u_1 将其产生的多媒体文件 d 按照公式（3-16）进行标记后得到 $d_{\to u_1}$，并发布在该系统中。该系统的另一个用户 u_2 在满足用户 u_1 的隐私保护需求 PR_{u_1} 的情况下获得该信息并对文件 d 进行操作，根据公式（3-17）生成加入自己标签的新文件 $d_{\to u_1 \to u_2}$，并在满足 u_1、u_2 的隐私保护需求 PR_{u_1}、PR_{u_2} 的情况下，将该信息发布在开放系统论坛 T 上，或登录封闭系统社交网络 2，将其转发给封闭系统的用户 u_3。

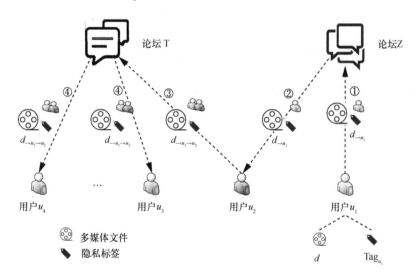

图 3-9　开放系统间或开放系统与封闭系统间的信息交互

实例 3 与实例 1 的区别主要在于步骤 4，当所转发的系统为开放系统时，该开放系统的所有用户均能访问所转发的文件 $d_{\to u_1 \to u_2}$；当所转发的系统为封闭系统时，仅转发信息的用户所在的朋友圈中，满足相关隐私标签中限制条件的其他用户，才能访问所转发的文件 $d_{\to u_1 \to u_2}$，其他用户如 u_4 则无法访问。

3.10 本章小结

本章提出了隐私计算的定义，介绍了隐私计算的框架、重要特性、隐私保护算法设计准则、隐私保护效果评估、隐私计算语言、隐私侵权行为判定与追踪溯源、隐私信息系统架构，并给出了一些初步的隐私计算实例等，希望从学术的角度对隐私计算进行科学严谨的界定，确定隐私计算的核心内涵是对隐私信息的形式化描述、度量、隐私操作、保护效果评估和延伸控制，而不是将安全多方计算、同态加密等基于密码学保护数据安全的概念都称为隐私计算，当然在未来并不排斥隐私计算概念的外延。

隐私计算理论应具备完备性、普适性和适应性，其理论基础、公理化体系、关键技术和实现方法都还只是一个开始，需要进一步的丰富和完善。隐私计算理论体系的原始创新需要形成一个长期稳定的研究领域，并能切实解决泛在环境下隐私信息交换和广泛共享所面临的隐私保护问题，指导和支撑隐私信息系统的落地实现。

参考文献

[1] 李凤华, 李晖, 贾焰, 等. 隐私计算研究范畴及发展趋势[J]. 通信学报, 2016, 37(04): 1-11.

[2] LI F H, LI H, NIU B, et al. Privacy computing: concept, computing framework, and future development trends[J]. ELSEVIER Engineering, 2019, 5(6):1179-1192.

[3] 李凤华, 李晖, 牛犇, 等. 一种隐私信息溯源取证方法、装置及系统: 201811272731.6[P]. (2019-04-30)[2021-03-01].

[4] 李凤华, 华佳烽, 李晖, 等. 一种隐私信息的处理方法、装置及系统: 201711487461.6[P]. (2018-04-20)[2021-03-01].

第4章

隐私计算技术

隐私计算的核心目标之一是从"计算"的角度指导隐私保护算法研究，针对隐私信息多模态、应用多样化、保护需求动态差异等特点，不断探讨隐私保护算法的基础理论并持续迭代演化。在实际应用中，需要对隐私保护算法效果有一套量化评估体系及评估方法，从而促进隐私保护算法在产业界的推广应用。

立足隐私计算思想、隐私计算框架和隐私保护算法设计原则，为了有效支撑隐私保护效果评估、实现相对稳定的隐私保护系统并使系统易于在线升级，本章从隐私计算角度介绍隐私保护算法理论基础、典型隐私保护算法、隐私延伸控制等内容。

4.1 隐私保护算法理论基础

隐私保护算法需要建立在数学理论基础之上。本节在对常见隐私保护算法理论进行概述的基础上，着重分析概率论、信息论等与隐私计算的关联关系，并借鉴和融合这两者的思想，探讨隐私保护算法设计。未来研究过程中还需不断发展和完善适用于隐私计算的理论基础。

4.1.1 概率论与隐私计算

4.1.1.1 概率论与隐私计算的关联性

概率论是研究随机现象数量规律的数学分支,是一门研究事情发生的可能性的学科。虽然在一次随机试验中某个事件的发生带有偶然性,但那些可在相同条件下大量重复的随机试验却往往呈现出明显的数量规律。概率论应用在隐私保护领域的核心思想在于其把真实信息隐藏在若干备选信息之中,攻击者无法准确从备选信息中定位到真实信息。常用的基于概率论的隐私保护技术包括k-匿名[1]、l-多样性[2]、t-邻近性[3]、差分隐私[4]等。

1. k-匿名

为了保护数据库、数据表发布过程中涉及的用户隐私信息,Sweeney 等[1]提出了k-匿名。一个二维数据表的每一行都是一个个体的数据记录,包含了身份信息和相应的其他属性信息。表的每一列都描述了个体的某一属性在某一确定的集合上取值。下面,本节给出准标识符的形式化定义。

定义 4-1 记 $B(A_1, A_2, \cdots, A_n)$ 为一数据表,表 B 的有限属性集为 $(A_1, A_2, \cdots, A_n)$。若 $(A_i, \cdots, A_j) \subseteq (A_1, A_2, \cdots, A_n)$,对于若干条数据记录集合 $t \in B$,$t(A_i, \cdots, A_j)$ 表示 t 在属性 $(A_i, \cdots, A_j)$ 上的取值。

定义 4-2 准标识符。已知有限用户集 U 和包含 U 中用户个体的数据表 $T(A_1, A_2, \cdots, A_n)$,且 $U \in U'$。记映射 $f_c : U \to T, f_g : T \to U'$,若 $\exists p_i \in U, f_g(f_c(p_i)(Q_T)) = p_i$,那么 Q_T 为 T 的一组准标识符。

定义 4-3 k-匿名。已知有限用户集 U、关于 U 的数据集 $RT(A_1, A_2, \cdots, A_n)$ 及其准标识符 QI_{RT},当且仅当 $RT(QI_{RT})$ 的任意取值序列在 $RT(QI_{RT})$ 中至少出现 k 次时,$RT(A_1, A_2, \cdots, A_n)$ 满足 k-匿名。即若 $\forall u \in U, u(QI_{RT})$,$|\{v \mid v(QI_{RT}) = u(QI_{RT}), v \in U\}| \geqslant k$,那么 $RT(A_1, A_2, \cdots, A_n)$ 满足 k-匿名。

表4-1是一个病历记录,姓名为显性标识符,邮编、性别和年龄为待匿名

的准标识符，疾病为敏感属性。

表 4-1　病历记录

姓名	邮编	性别	年龄	疾病
胡一	710068	男	22	心血管
黄二	710071	男	23	肺炎
王三	710069	女	27	肠炎
梁四	100088	女	47	胃癌
罗五	100094	女	42	胃炎
杨六一	100010	女	56	胃溃疡
杨六二	200010	男	39	肺炎
王七	200027	男	36	肺炎
严八	200238	女	34	肺炎

$k=3$ 的 k-匿名化病历记录如表 4-2 所示。表 4-2 去除了姓名属性，对邮编进行了抑制，对年龄进行了泛化，对性别进行了个别替换，将整个表中的记录分为了 3 组，每一组称为一个等价类。在一个等价类中具有相同准标识符的记录数均大于或等于 3。k 匿名使推测出的用户敏感属性的成功概率为 $1/k$。

表 4-2　邮编、年龄、性别属性 $k=3$ 的 k-匿名化病历记录

姓名	邮编	年龄	性别	疾病
*	710*	20～29	男	心血管
*	710*	20～29	男	肺炎
*	710*	20～29	男	肠炎
*	100*	>40	女	胃溃疡
*	100*	>40	女	胃癌
*	100*	>40	女	胃炎
*	200*	30～39	男	肺炎
*	200*	30～39	男	肺炎
*	200*	30～39	男	肺炎

2. *l*-多样性

对于 *k*-匿名保护的数据表 4-2，最后 3 条记录的敏感属性都是肺炎。如果攻击者知道严八在数据表当中且邮编以 200 开头，就可以知道严八得了肺炎，这种攻击称为同质攻击和背景知识攻击。由于 *k*-匿名存在以上缺陷，Machanavajjhala 等[2]在 2007 年提出了 *l*-多样性。*l*-多样性是指一个等价类中最少有 *l* 个可以良表示的敏感属性值，对于数据表来说，则需要每一个等价类中都满足 *l*-多样性。

定义 4-4 等价类。已知有限用户集 *U*、关于 *U* 的数据集 $RT(A_1, A_2, \cdots, A_n)$ 及其准标识符 QI_{RT}，$\forall u \in U, u[QI_{RT}]$，数据集的子集 $\{v \mid v[QI_{RT}] = u[QI_{RT}], v \in U\}$ 称为一个 $u[QI_{RT}]$ 等价类。例如，在表 4-2 中，就有 3 个等价类。

定义 4-5 一个等价类是被 *l*-良表示的，如果其包含有至少 $l \geqslant 2$ 个不同敏感值，则满足 *l* 个最频繁的值有大约相同的出现频率。例如，在表 4-2 中，前两个等价类都是 3-良表示的。

定义 4-6 若对于数据表中的每一个等价类都是 *l*-良表示的，那么称数据表满足 *l*-多样性。

表 4-2 中第三个等价类只有一个敏感值，如果将表 4-2 进一步修改为表 4-3，则表 4-3 满足 3-匿名、2-多样性。

表 4-3 3-匿名、2-多样性匿名化的病历记录

姓名	邮编	年龄	性别	疾病
*	710*	20～29	男	心血管
*	710*	20～29	男	肺炎
*	710*	20～29	男	肠炎
*	100*	>40	女	胃溃疡
*	100*	>40	女	胃癌
*	100*	>40	女	胃炎
*	200*	30～39	男	肺炎
*	200*	30～39	男	肺炎
*	200*	30～39	男	关节炎

　　l-多样性也并不能完全地保护用户隐私不被泄露，因为在一个真实的数据集中，属性值很有可能是偏斜的或者语义相近的，而*l*-多样性只保证了多样性，没有考虑到在属性值上语义相近的情况，所以*l*-多样性会受到相似性攻击。例如，表 4-3 的第二个等价类中是 3-良表示的，3 个敏感属性值为胃炎、胃溃疡、胃癌，那么至少可以知道数据的主体患有胃病。另外，针对*l*-多样的偏义攻击也可能引起隐私泄露。比如，一个包含某疾病信息的数据集中某一等价类内患病和未患病人数各占 50%，从而满足 2-多样性，但假如知道正常数据集整体患病和未患病的比例分别为 1%和 99%，这样若知道某个个体在这个等价类中，那么其有 50%的概率患病，事实上已经发生了隐私泄露。

　　3．*t*-邻近性

　　为了抵御语义攻击和偏义攻击以提供更强的隐私保护，Li 等[3]提出了*t*-邻近性。*t*-邻近性使发布的数据在满足*k*-匿名的同时，还要求等价类内敏感属性值的分布与敏感属性值在匿名表中的总体分布的差异不超过*t*。在*l*-多样性基础上，*t*-邻近性考虑了敏感属性的分布，要求所有等价类中敏感属性值的分布尽量接近该属性的全局分布。分布距离的定义并不唯一，可以定义为差距离，即

$$D[P,Q] = \sum_{i=1}^{n} \frac{1}{2}(p_i - q_i) \tag{4-1}$$

也可以定义为 KL 距离，即

$$D[P,Q] = \sum_{i=1}^{n} p_i \log \frac{p_i}{q_i} \tag{4-2}$$

　　4．差分隐私

　　为了保护数据集中的个体隐私，Dwork 等[4]提出了差分隐私。差分隐私要求每一个单一元素在数据集中对输出的影响有限，以此来保证攻击者在观察查询结果后无法从查询返回的结果中推断某一特定个体的加入或退出，从而确保

无法从查询结果中推断个体的隐私信息。

定义 4-7 差分隐私[4]。对于一个随机算法 M，P_m 为算法 M 可以输出的所有值的集合。如果对于任意的一对相邻数据集 D 和 D'，P_m 的任意子集 S_m，算法 M 满足

$$\Pr[M(D) \in S_m] \leqslant e^{\varepsilon} \Pr[M(D') \in S_m] \tag{4-3}$$

则称算法 M 满足 ε-差分隐私，其中参数 ε 为隐私保护预算。

差分隐私技术虽然可以提供严格且可量化的隐私保护，但存在一个固有的缺陷，数据管理员需要设定隐私预算来控制可接受的隐私泄露的程度。具体来说，每次执行差分隐私保护算法，都会产生一定的隐私泄露，隐私预算通过限制算法的执行次数来控制隐私泄露的程度。

4.1.1.2 最优查询次数计算方法

本书作者以线性查询和拉普拉斯差分隐私机制为例，利用概率论推导了查询次数的上限[5]。

定义 4-8 线性查询。假设一个数据集为 $D = (x_1, x_2, \cdots, x_n)$，作用在该数据集上的一个线性查询 $f(D)$ 是具有如下形式的一类查询

$$f(D) = a_1 x_1 + a_2 x_2 + \cdots + a_n x_n \tag{4-4}$$

其中，$a_i \in R$。

定义 4-9 拉普拉斯机制。给定一个查询函数 f 和数据集 D，拉普拉斯机制输出

$$M(D) = f(D) + r \tag{4-5}$$

其中，r 服从拉普拉斯分布 $\mathrm{Lap}(0, \Delta f / \varepsilon)$，$\Delta f$ 为查询函数的全局敏感度。

另外，由于在实际中大多数数据的分布服从正态分布，故假设数据集服从正态分布 $N(\mu, \sigma^2)$，参数 μ 和 σ^2 可以通过参数估计方法估计，此处不再赘述。

1. 连续数据集上的查询次数

对于服从正态分布的连续数据集，作用在该数据集上的线性查询依然服从正态分布。因此，拉普拉斯机制的输出结果即为正态分布（查询结果）和拉普拉斯分布（噪声）的卷积。由于卷积过程较复杂，一般直接使用正态-拉普拉斯分布来表示输出结果的概率分布 $\mathrm{NL}(\mu, \sigma^2, \alpha, \beta)$，其中 μ、σ^2 为正态分布的参数，α、β 为拉普拉斯分布的参数。给定输出结果的概率分布，可使用输出扰动后的结果 Z 和真实结果 Y 之间的互信息 $I(Y;Z)$ 来量化输出结果中泄露的隐私信息。

为了分析安全的查询次数，定义 4-10 和定义 4-11 分别给出了最具攻击性查询和最弱个体。

定义 4-10　最具攻击性查询。最具攻击性查询指的是使真实查询结果和扰动后的结果之间的互信息最大的查询。

定义 4-11　最弱个体。最弱个体是指拥有自信息最小的个体，即最弱个体是数据集中最容易被泄露隐私的个体。

基于该定义，可以给出安全查询次数的数值结论。当攻击者使用最具攻击性查询时，攻击者依然无法获得最弱个体的隐私，此时得到的查询次数在理论上最安全。查询次数 n 的结论为

$$n \leqslant \frac{\min\limits_{x_i \in D} \log \dfrac{1}{p(x_i)}}{H(Z_a) - \dfrac{1}{2}\log(a_1^2 + \cdots + a_n^2) - H(r)} \tag{4-6}$$

其中，$H(Z_a)$ 为最具攻击性查询的扰动后的结果的微分熵，$H(r)$ 为拉普拉斯噪声的微分熵。

2. 离散数据集上的查询次数

由于离散数据集中均为离散数据，查询结果的真实值则被限定为整数，势必导致攻击者更容易推断出真实值。在离散数据上，安全查询结果

的结论与连续数据基本一致，但也存在不同之处。首先，使用参数估计来分析数据集的 μ 和 σ^2，不同之处在于，此处计算的结果是对于连续分布而言，在计算互信息时需将结果离散化。这就需要研究离散化的区间长度，可以使用遗传算法[6]找到最优的区间长度 Δ，使它与原始数据集的拟合程度最高。

在给定区间长度 Δ 下，真实查询结果 Y 的分布依然服从离散正态分布。定理 4-1 给出了 Y 的离散区间长度 Δf。

定理 4-1 对于一个离散区间长度为 Δ 的离散正态分布 Q，查询函数 $f(D) = a_1 x_1 + \cdots + a_n x_n$ 服从离散区间长度为 $\gcd(a_1, \cdots, a_n)\Delta$ 的正态分布。

根据连续随机变量上的微分熵和离散随机变量上的香农熵的关系，可以近似计算出离散数据集上查询结果的熵为 $H(Y) = h(Y) + \log(\Delta)$，并得出相似的安全查询次数的结论为

$$
n \leqslant \frac{\min\limits_{x_i \in D} \log \dfrac{1}{p(x_i)}}{H(Z_a) - \dfrac{1}{2}\log(a_1^2 + \cdots + a_n^2) - H(r)} \tag{4-7}
$$

与连续数据的区别在于，这里的 $H(Z_a) = h(Z_a) + \log(\Delta f)$，而连续情况下没有 $\log(\Delta f)$ 项。

4.1.1.3 基于 k-匿名的隐私保护算法设计准则

1. 预处理

k-匿名中，记数据集为 X，预处理阶段需要明确 X 的标识符、准标识符，以及敏感数据，并根据约束条件集合 Θ 和传播控制操作集合 Ψ 生成对应的隐私信息向量集合 $I = i(X, \Theta, \Psi)$，分析 I 的分布特征 $\Phi = \phi(I)$，结合具体的隐私保护需求和该取值范围的社会经验值 $v(\cdot)$，得到 k 的具体取值范围，一般情况下，$2 \leqslant k \leqslant 30$。

2. 脱敏

对于给定的数据集 X，结合 k 的具体取值范围，首先删除其所有标识符，其次对准标识符进行泛化或抑制，确保 X 中有多条记录的准标识列的属性值相同，所有准标识列属性值相同的行的集合被称为相等集或等价类。k-匿名要求对于任意一行记录，其所属的相等集内记录数量不小于 k，即至少有 $k-1$ 条记录的准标识列属性值与该条纪录相同。

3. 算法组合

考虑到一个完整事件中不同环节发生的顺序，当不同环节串行发生时，其总体的匿名性为各个环节匿名性的乘积，即串行的 k-匿名会随着 k 的增大而提升匿名效果；相反，当不同环节并行发生时，总体的匿名性为各环节中匿名效果最差的匿名效果。

4. 算法复杂度和效能分析

k-匿名算法的本质是将真实信息隐藏于干扰项之中，因此其复杂度和隐私保护效果主要取决于干扰项的逼真度和数量，这些均与干扰项的产生方式、攻击方的背景知识等因素相关。

4.1.1.4　基于概率论思想的隐私计算方法

借鉴概率论思想，在隐私计算的度量、脱敏、效果评估等不同环节定义相关计算方法，有效支撑隐私保护算法设计与应用落地，具体方法如下。

1. 度量函数设计

借助概率论对信息隐匿程度量化的思想，对 3.1.2 节中的隐私属性分量 a_k 的量化操作定义为

$$a_k = f\left(\frac{1}{k}\right) + \Delta k，\ 0 < a_k \leqslant 1 \tag{4-8}$$

其中，$f(\cdot)$ 为局部隐私保护效果到全局隐私保护效果的过渡/转移函数，Δk 为

修正值，用以结合社会经验值对隐私属性分量进行修正，具体应用实例参见 4.2.1 节。这一度量既可用于隐私分量的敏感度度量，也可作为基于概率论的隐私保护算法的脱敏能力的量化指标。

将隐私保护中的服务质量定义为

$$\text{QoS}_k = \frac{g(i'_k)}{g(i_k)}, \quad 0 < \text{QoS}_k \leqslant 1 \tag{4-9}$$

其中，$g(\cdot)$ 为脱敏后隐私信息分量提交给服务提供商后，服务提供商反馈的服务数据中所需部分的含量，具体应用实例参见 4.2.1 节。这一度量可用于度量隐私保护算法对服务质量的损失程度，从而进一步优化隐私保护算法。

2. 隐私保护算法

隐私保护算法的设计可以被定义为一个考虑了隐私保护效果、数据可用性、资源消耗的多目标优化问题

$$A^* = \arg\max o(A)$$

$$\text{s.t.} \ p(A) \in P$$

$$q(A) \in Q \tag{4-10}$$

其中，A 是隐私保护算法，$\{o, p, q\}$ 是 $\{$隐私保护效果，数据可用性，资源消耗$\}$ 的排列组合，P 和 Q 分别是数据可用性和资源消耗的预期值或预期范围，若不考虑该因素，可设置为 $(-\infty, +\infty)$，具体应用实例参见 4.2.2 节。

3. 隐私保护效果评估

在现实生活中，用户往往具有差异化的隐私需求，具体应用实例参见 4.2.2 节，定义最优的差分机制应能够满足如下要求

$$M^*_{\text{PDP}} = \arg\min \sum_{i=1}^{n} (\varepsilon_i - \hat{\varepsilon}_i)$$

$$\text{s.t.} \ \ \forall i, \varepsilon_i \geqslant \hat{\varepsilon}_i \tag{4-11}$$

给定一个包含 n 个用户的数据集，在数据发布的过程中，$(\varepsilon_1,\cdots,\varepsilon_n)$ 为用户预期所得到的隐私保护效果。对于某个隐私需求差异化的差分机制 M_{PDP} 而言，$(\hat{\varepsilon}_1,\cdots,\hat{\varepsilon}_n)$ 为该机制实际所能提供的隐私保护效果。

4.1.2　信息论与隐私计算

4.1.2.1　信息论与隐私计算的关联性

香农在信息论奠基性论文《通信的数学理论》[7]中基于概率对数据中的信息量大小给出了量化定义。信息论针对信道传输、无失真信源编码和有失真信源编码给出了理论极限，建立了无失真信源编码定理、率失真编码定理、Slepian-Wolf 相关源编码定理、信道编码定理等，为信息传输、信息表示指明了方向，引领了信源编码与数据压缩、信道编码、编码调制理论、信息隐藏等领域的技术发展，为通信、多媒体、网络、人工智能的发展奠定了坚实的理论基础。

信息量化的核心是基于概率的。以离散数据集 X 为例，设 X 的各个取值的概率分布为 $P(x_k),1 \leqslant k \leqslant K$，则该数据集的熵（平均自信息量）为

$$H(X) = -\sum_{k=1}^{K} P(x_k)\log P(x_k) \tag{4-12}$$

如果 Y 是一个与 X 相关的数据集，Y 的分布为 $P(y_j),1 \leqslant j \leqslant J$，并且 X 和 Y 的联合概率分布为 $P(x_k,y_j)$，根据概率的性质，由联合分布可以得到 X 和 Y 的分布，也可以得到条件分布

$$P(x_k) = \sum_{j=1}^{J} P(x_k,y_j) , \quad P(y_j) = \sum_{k=1}^{K} P(x_k,y_j) \tag{4-13}$$

$$P(x_k \mid y_j) = \frac{P(x_k,y_j)}{P(y_j)} , \quad P(y_j \mid x_k) = \frac{P(x_k,y_j)}{P(x_k)} \tag{4-14}$$

从以上分布可以定义 X 和 Y 的互信息、条件熵分别为

$$I(X;Y) = \sum_{i=1}^{K}\sum_{j=1}^{J} P(x_k, y_j) \log \frac{P(x_k, y_j)}{P(x_k)P(y_j)} \qquad (4\text{-}15)$$

$$H(X|Y) = -\sum_{i=1}^{K}\sum_{j=1}^{J} P(x_k, y_j) \log P(x_k \mid y_j) \qquad (4\text{-}16)$$

$$H(Y|X) = -\sum_{i=1}^{K}\sum_{j=1}^{J} P(x_k, y_j) \log P(y_j \mid x_k) \qquad (4\text{-}17)$$

互信息、熵和条件熵之间有下列关系

$$I(X;Y) = H(X) - H(X|Y) = H(Y) - H(Y|X) \qquad (4\text{-}18)$$

熵 $H(X)$ 表示的是 X 的不确定性，也可以理解为要用二进制表示 X 中一个符号平均需要的比特数。条件熵 $H(X|Y)$ 表示知道背景知识 Y 之后，X 还剩余的不确定性。$I(X;Y)$ 则表示背景知识 Y 中包含的关于 X 的信息量。

借助信息论对信息进行量化的思想，隐私计算也可以利用熵以及互信息对隐私信息进行度量，其中 3.1.2 节中的隐私属性分量 a_k 的量化操作定义为

$$a_k = \frac{I(i_k; i_k')}{H(i_k)} = 1 - \frac{H(i_k \mid i_k')}{H(i_k)} \qquad (4\text{-}19)$$

其中，未加保护的隐私分量 i_k 的熵为 $H(i_k)$，期望施加隐私保护操作后 i_k 变为 i_k'，二者之间的互信息为 $I(i_k; i_k')$，由互信息和熵的性质容易证明 $0 \le a_k \le 1$。这一度量既是隐私分量的敏感度或者期待保护程度的度量，也可以作为算法隐私保护能力的量化指标。

设算法 Alg_1 对 i_k 保护后为 i_{k_1}，Alg_2 对 i_k 保护后为 i_{k_2}，隐私属性分量分别为 a_{k_1} 和 a_{k_2}，若 $a_{k_1} < a_{k_2}$，则 Alg_1 保护能力强于 Alg_2。信息论也可为隐私计算中寻找最优的隐私保护算法提供理论工具。

4.1.2.2　隐私脱敏的信息论模型

建立隐私脱敏的信息论模型对于在隐私计算的保护效果评估环节借用信息论方法刻画隐私脱敏的性能限、分析隐私保护算法的抗攻击能力具有重要意

义。隐私脱敏和攻击者隐私挖掘的信息论模型如图 4-1 所示。隐私脱敏的目的是对原始隐私信息 $x \in X$ 通过脱敏操作转换成脱敏数据 $y \in Y$。隐私信息的概率分布为 $P(x)$，脱敏信息的概率分布为 $P(y)$，则隐私信息和脱敏信息之间的互信息为

$$I(X;Y) = \sum_{x \in X} \sum_{y \in Y} P(x) P(y|x) \log \frac{P(y|x)}{\sum_{x'} P(y|x') P(x')} \tag{4-20}$$

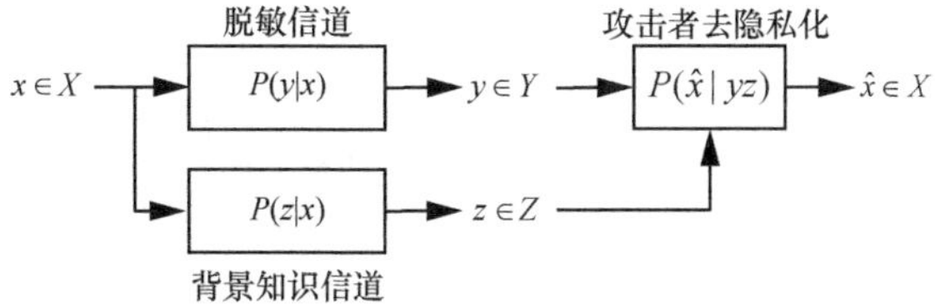

图 4-1　隐私脱敏和攻击者隐私挖掘的信息论模型

隐私脱敏机制可以表示为转移概率 $P(y|x)$，即对一个原始隐私信息 $x \in X$，可以依转移分布 $P(y|x)$ 抽样输出 $y \in Y$。攻击者在进行隐私挖掘时可能从其他渠道获得关于隐私信息的背景知识 $z \in Z$，获得背景知识的渠道可以由背景知识信道 $P(z|x)$ 刻画。攻击者在看到脱敏信息 $y \in Y$ 后，试图从 $y \in Y$ 和 $z \in Z$ 推断原始信息，从而得到推断信息 $\hat{x} \in X$。

互信息 $I(X;Y)$ 以及 $I(X;\hat{X})$ 可以用来刻画隐私保护的效果。互信息越小，隐私保护的效果越好。

4.1.2.3　隐私-可用性函数

借助信息论中率失真函数的思想，可以定义隐私计算中隐私保护程度与可用性的函数关系，称之为隐私-可用性函数。

脱敏信息的可用性可以用失真度来描述。令 $d(x,y)$ 表示原始信息 x 和脱敏信息 y 之间的失真度，$d(x,y) \geqslant 0$。$d(x,y)$ 可以是汉明距离，也可以是平方欧氏距离，还可以是用户自己定义的任意距离。X 和 Y 集合上的平均失真为

$$D = \sum_x \sum_y P(x)P(y \mid x)d(x,y) \tag{4-21}$$

由信息论可知，对于给定的原始信息分布 $P(x)$，在给定脱敏信息和原始信息平均失真不大于 D（即保证可用性）的约束条件下，代表隐私保护效果的互信息 $I(X;Y)$ 是转移分布 $P(y \mid x)$ 的凸 $\bigcup$ 函数。因此存在一个最佳的转移分布 $P^*(y \mid x)$，在平均失真不大于 D 的条件下，使 X 和 Y 的互信息最小，即达到最佳隐私保护效果。因此可以得到最小隐私泄露 L 与可用性 D 之间的函数（隐私-可用性函数）为

$$L(D) = \min_{P(y \mid x) \in P_D} \sum_{x \in X} \sum_{y \in Y} P(x)P(y \mid x) \log \frac{P(y \mid x)}{\sum_{x'} P(y \mid x')P(x')} \tag{4-22}$$

其中，$P_D = \{P(y \mid x) \mid \sum_x \sum_y P(x)P(y \mid x)d(x,y) \leqslant D\}$，即所有满足可用性要求的转移分布的集合。隐私-可用性函数实际上就是信息论中的率失真函数[8]。求解公式（4-22）的优化问题可以使用 Blahut-Arimoto 迭代算法。

4.1.2.4　Blahut-Arimoto 算法

Blahut-Arimoto 算法[9]可由寻找两个凸集之间最小距离的交替优化算法[10]推导得到。

已知 $d(a,b)$ 表示元素 a 和 b 之间的距离，给定两个凸集 A 和 B，它们之间的最小距离 $d_{min} = \min_{a \in A} \min_{b \in B} d(a,b)$ 可通过以下的步骤来寻找。首先在集合 A 中任取一点 $x \in A$，在集合 B 中找出与 $x \in A$ 距离最近的一点 $y \in B$。然后再固定点 $y \in B$，找出集合 A 中与 $y \in B$ 最近的点。重复该过程，很明显，该距离会随着重复次数的增加而减小。如果两个集合都是凸集，并且距离度量满足一定的条件，那么这个交替优化算法最终会收敛到距离的最小值[9]。

Blahut-Arimoto 算法将交替优化算法中的两个集合设定为概率分布的集合，距离度量设定为相对熵，该算法的结果将收敛到两个概率分布集合之间的

最小相对熵。该优化问题可以表示为

$$L(D) = \min_{P(y)} \min_{P(y|x) \in P_D} \sum_{x \in X} \sum_{y \in Y} P(x)P(y|x) \log \frac{P(x)P(y|x)}{P(x)P(y)} \qquad (4\text{-}23)$$

算法迭代流程主要包括如下 3 个步骤。

步骤 1　为 $P(y)$ 选择一个初始分布（例如均匀分布）和参数 s。

步骤 2　使用 $P(y)$ 计算此时使 $L(D)$ 达到最小的 $P(y|x)$

$$P(y|x) = \frac{P(y)\mathrm{e}^{-sd(x,y)}}{\sum_y P(y)\mathrm{e}^{-sd(x,y)}} \qquad (4\text{-}24)$$

步骤 3　在获得 $P(y|x)$ 后，通过公式（4-24）更新 $P(y)$

$$P(y) = \sum_x P(x)P(y|x) \qquad (4\text{-}25)$$

然后转步骤 2，重复上述步骤直到算法收敛，就可以获得隐私-可用性函数的最优解 $P(y|x)$。Blahut-Arimoto 算法可以被用于求解公式（4-22）中的最优转移概率 $P^*(y|x)$。

4.1.2.5　基于隐私-可用性函数的隐私保护算法设计准则

1. 预处理

确定原始隐私信息 X 的分布以及设定脱敏信息的分布范围 Y，定义失真度函数，确定要求的可用性 D。根据要求的可用性 D 利用 Blahut-Arimoto 算法计算得到 $P^*(y|x)$。

2. 算法框架

对于具体隐私信息 x，依据转移分布 $P^*(y|x)$ 抽样得到脱敏信息 y。

在原始隐私信息数据集规模较大时求解公式（4-22）复杂度很高，但结合具体场景进行一些概率转移模型的简化可以得到近似解，可以较大幅度地降低复杂性。由于计算 $P^*(y|x)$ 也属于预计算，因此计算好后应用于实时脱敏的速

度并不慢。如果改变 D，则需要重新计算 $P^*(y|x)$。在实际运行中，也可以预先计算好一组 D 和 $P^*(y|x)$ 的对应关系，然后根据用户需求调用。后续将在 4.2.3 节介绍位置和轨迹场景下这一框架的具体应用。

4.2　典型隐私保护算法

按照隐私计算思想、隐私计算框架、算法设计准则，以及相关理论基础，本节从隐私度量、算法框架、效果评估 3 个环节介绍典型隐私保护算法。目前涉及的内容尚未涵盖所有类别的隐私保护算法，本书作者团队将持续研究并补充完善。

4.2.1　基于匿名的隐私保护算法

本节以位置隐私保护为场景，基于第 3 章隐私计算框架中的度量和脱敏环节，以及 4.1.1 节的概率论方法，对位置服务中的隐私属性分量、长期观察攻击成功率等进行量化，基于此构建了一系列位置隐私保护算法。

4.2.1.1　基于信息缓存的位置隐私保护

基于位置的服务（Location-Based Service，LBS）是当前最受欢迎的社交应用之一。利用此类应用程序，用户可以很容易地获得所在位置附近的各种兴趣点（Point of Interest，POI），例如附近的医院、餐馆和酒吧等。然而，为了享受这些便利，用户不得不向不可信的 LBS 服务器提交查询。但由于查询中通常包含一些个人信息，例如用户的当前位置和所查询的内容等，LBS 服务器可以轻易地推断出谁在什么地方干什么，甚至可以直接跟踪用户或将其个人信息发布给更不可信的第三方，如广告商等，进一步威胁用户隐私。因此，如何在服务过程中更好地保护用户隐私成为亟待解决的问题。

LBS 中移动用户的隐私保护方案既可以关注保护发送到 LBS 服务器的查询隐私，也可以通过减少发送到 LBS 服务器的查询数量达到隐私保护，越少的查询意味着服务器将获取越少的位置信息，因此暴露用户位置的机会就更少。减少发送到 LBS 服务器的查询数量的一种常见方法是利用缓存，可以通过缓存的方法从先前查询中收集缓存服务数据，以响应之后的查询，从而减少后续用户向不可信服务器提交查询的数量。

本书作者提出了一种基于信息缓存和虚假位置的方案[11]，以保护 LBS 中用户的位置隐私。其基本思想是收集并存储查询过程中真实位置和虚假位置所获得的服务数据，并利用缓存的数据直接服务用户之后所产生的查询，从而减少发送到 LBS 服务器的查询次数。该方案的核心是提出了一种考虑缓存且基于熵的隐私度量方法，并基于该度量方法设计了基于缓存的虚假位置选择算法（Caching-aware Dummy Selection Algorithm，CaDSA）。在选择虚假位置时，CaDSA 不仅可以使当前查询的隐私保护效果最大化，还可以确保虚假位置带来的服务数据对缓存的贡献最大化，从而进一步提升隐私保护效果。

1. 问题描述

图 4-2 进一步说明了 CaDSA 的基本思想，主要关注两个因素：隐私（如图 4-2（a）和图 4-2（b）所示）和缓存（如图 4-2（c）和图 4-2（d）所示）。在图 4-2（a）和图 4-2（b）中，单元格中的不同阴影表示不同的查询概率，带有√的单元格表示这些单元格是虚假位置的候选项。在图 4-2（c）和图 4-2（d）中，阴影单元格表示已经为其缓存了服务数据，而空白单元格表示其服务数据还没有被缓存。灰度表示每个单元格所缓存服务数据的新鲜程度。例如，较暗的单元格表示缓存在这些单元格上的服务数据仍然是较新的数据，而较亮的单元格表示这些服务数据可能很快就会过期。加粗虚线矩形内的区域表示基于当前位置和查询范围的用户查询区域。

为了有效地提供能用于抵御带有先验信息攻击者的 k-匿名性，方案偏向于将虚假位置分配给具有类似查询概率的单元（如图 4-2（b）所示），而不是随机选择虚假位置（如图 4-2（a）所示）。其次，基于图 4-2（b）中获得的 14 个标记为√的候选对象，CaDSA 的目标是提高缓存命中率。因此，方案更倾向于选择可以对缓存做出更大贡献的位置。图 4-2（c）显示了一个最佳情况，其中所有选定的虚假位置都对缓存做出了最大贡献（在查询区域内有 6 个空白单元）。但是，由于以下两个重要因素，CaDSA 在某些情况下可能无法正常运行：①用户通常在附近查询服务数据；②缓存中经常查询的单元应在过期之前进行更新（再次缓存）。考虑到上述两个因素可以更好地评估虚假位置对缓存的贡献，最终所选择的虚假位置如图 4-2（d）所示，方案更倾向于选择在真实位置附近并且服务数据已过期或即将过期的虚假位置。

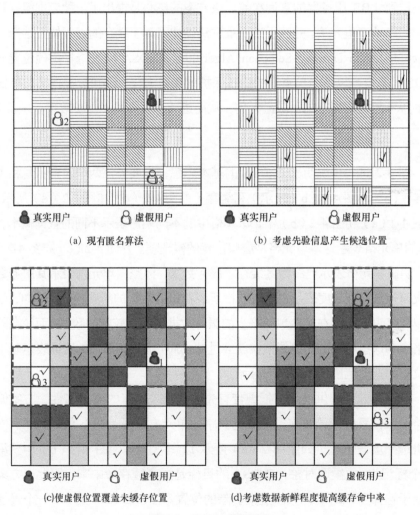

(a) 现有匿名算法　　　　　　　　　(b) 考虑先验信息产生候选位置

(c) 使虚假位置覆盖未缓存位置　　　(d) 考虑数据新鲜程度提高缓存命中率

图 4-2　CaDSA 基本思路

2. 位置隐私度量

在介绍具体方案之前，还需介绍 CaDSA 所使用的位置隐私度量方法。该方法是在 4.1.1 节中公式（4-8）的基础的实例化，将其拓展到基于虚假位置的位置隐私保护场景中，分别得到单次隐私度量方法和全局隐私度量方法，具体如下。

（1）单次隐私度量

考虑拥有背景知识的攻击者，该背景知识表示每个位置被查询的概率。具体地，方案将地图划分为 $N \times N$ 个小单元，每个单元格 i 对应一个查询概率 q_i。在一次查询中会上传 k 个位置，其中 $k-1$ 个位置是假位置，利用 p_i 表示每个位置是真实位置的概率，计算方法为 $p_i = \dfrac{q_i}{\sum\limits_{j=1}^{k} q_j}$。最后，基于信息熵度量出该匿名集所提供的隐私保护程度 $H = -\sum\limits_{i=1}^{k} p_i \mathrm{lb} p_i$。

（2）全局隐私度量

单次隐私度量方法没有考虑缓存对整体隐私程度的影响。为了弥补上述度量方法所存在的局限性，方案还定义了另一种隐私度量方法。考虑如下两种类型的查询：对于由 LBS 服务器回答的查询，使用单次隐私度量方法计算真实位置的不确定性；对于由缓存回答的查询，LBS 服务器不会从该查询获得有关用户真实位置的信息，此时每个位置都可能是真实位置，所以真实位置的不确定性可以定义为 $\mathrm{lb} N^2$。令 Q_{cache} 表示由高速缓存提供服务的查询集，Q_{server} 表示由 LBS 服务器提供服务的查询集。因此，全局隐私度量方法被定义为所有查询中每个查询里真实位置的不确定性平均值 $\lambda = \dfrac{|Q_{\mathrm{cache}}| \mathrm{lb} N^2 + \sum\limits_{q \in Q_{\mathrm{server}}} H_q}{|Q_{\mathrm{server}}| + |Q_{\mathrm{cache}}|}$，其中 H_q 可根据单次隐私度量方法计算所得。缓存命中率可表示为 $\gamma = \dfrac{|Q_{\mathrm{cache}}|}{|Q_{\mathrm{server}}| + |Q_{\mathrm{cache}}|}$，因此全局隐私度量方法的计算式为

$$\lambda = \frac{\sum\limits_{q \in Q_{\text{server}}} H_q}{|Q_{\text{server}}| + |Q_{\text{cache}}|} + \gamma \text{lb} N^2 \qquad (4\text{-}26)$$

3. 基于信息缓存的位置隐私保护算法框架

（1）CaDSA 方案

根据全局隐私度量方法，CaDSA 的主要思想是选择一组更加合理的虚假位置，以确保当前查询具有较高的熵，同时能够提高后续查询的缓存命中率。如果某个位置的查询概率很高，则该位置的数据更可能为将来的查询提供服务，从而可以获得更高的缓存命中率。显然，具有高查询概率的虚假位置比具有低查询概率的虚假位置对缓存的贡献更大。一个虚假位置对缓存贡献度的计算方法为 $\delta = qg$ ，其中，如果该位置已经存入缓存中，则 $g = 0$ ，否则 $g = 1$ 。

由于需要考虑到多个目标，将问题形式化地描述为多目标优化问题，具体定义为

$$C_{\text{dummy}} = \arg\max\left(-\sum_{i=1}^{k} p_i \text{lb} p_i, \sum_{i=1}^{k} \delta_i\right) \qquad (4\text{-}27)$$

其中，第一个目标 $\max\left(-\sum\limits_{i=1}^{k} p_i \text{lb} p_i\right)$ 可以为当前查询提供更高的隐私保护程度；第二个目标 $\max\left(\sum\limits_{i=1}^{k} \delta_i\right)$ 则可以保证更高的命中率。

该多目标优化问题可通过两个步骤解决，首先是选出一个虚假位置的候选集合，该集合可以为当前查询提供尽可能高的隐私保护程度，计算方法为

$$C_c = \arg\max\left(-\sum_{i=1}^{k} p_i \text{lb} p_i\right) \qquad (4\text{-}28)$$

然后，从所计算出来的虚假位置候选集合中挑出缓存贡献程度最高的 $k-1$ 个虚假位置后，结合用户真实的位置形成最终的匿名集合，计算方法为

$$C_{\text{dummy}} = \arg\max \sum_{i=1}^{k} \delta_i \tag{4-29}$$

具体地，CaDSA 根据查询概率对所有的单元格进行排序，在排好顺序的基础上挑选出 $4k$ 个单元格，其中 $2k$ 个单元格处于真实单元格的左侧，另外 $2k$ 个单元格处于右侧。随后从这 $4k$ 个单元格中随机地挑选出 $2k$ 个单元格作为候选集合。在这 $2k$ 个单元格中总共有 C_{2k}^{k-1} 个组合数，从中挑选出 s 个集合，s 表示系统参数，为防止当 k 太大时组合数太多的情况，其默认值为 1 000。最后，从 s 个集合根据公式 $\sum_{i=1}^{k} \delta_i$ 输出缓存命中率最大的集合，作为最终的匿名集合。

（2）Enhanced-CaDSA 方案

基于 CaDSA，本书作者提出的 Enhanced-CaDSA 方案考虑了更多的因素，包括归一化距离和数据新鲜度。

① 归一化距离。由于位置服务的用户通常查询附近的 POI，缓存距离真实位置太远的单元格的数据并不是很有用。因此应更倾向于选择与真实位置相距不远的虚假位置，以保证较高的缓存命中率。真实位置 l_r 和第 i 个虚假位置 l_i 之间的归一化距离为 $d_i = d(l_r, l_i)\dfrac{1}{\sqrt{2\pi}}\mathrm{e}^{\frac{(d-d(l_r,l_i))^2}{2}}$，其中 $d(l_r, l_i)$ 表示两个位置的实际距离，$d(l_r, l_i) = \dfrac{\sum\limits_{i=1}^{k} d(l_r, l_i)}{k}$。进而利用归一化距离 D 来表示所有 $k-1$ 个虚假位置对缓存命中率的影响，$D = \prod\limits_{i=1}^{k-1} \sqrt{2\pi}\dfrac{d_i}{d(l_r, l_i)}$。

② 数据新鲜度。由于某个单元所缓存的数据可能会超过有效期，因此该方案更倾向于在其过期之前进行相应的更新，尤其是对于查询可能性很高的单元。用 T 表示缓存数据的生存期，t 表示单元数据已被缓存的时间。然后，用 f 表示单元格的新鲜度，其计算方法为 $f = \sqrt{1 - \dfrac{t^2}{T^2}}$，$t \leqslant T$。

对于提交给 LBS 服务器的查询，当查询范围大于某个单元格时，为每个位置获得的服务数据将覆盖该位置周围的多个单元格。因此，计算 k 个提交位置所覆盖的那些单元格的平均数据新鲜度 $F = \sum_{i=1}^{lk} \frac{f_i}{lk}$，$f_i$ 表示单元格 i 的新鲜度，l 表示当前查询距离内的单元格数目。

最终通过 $\Delta = \left(\sum_{i=1}^{k} \delta_i \right)(1-D)(1-F)$ 计算出一个匿名集合的缓存贡献值。

实验结果表明，CaDSA 在单次隐私熵方面可以显著提高隐私匿名水平，Enhanced-CaDSA 可以通过优化虚假位置选择提高缓存命中率，进而提供更高的匿名水平。

4.2.1.2　抵御长期观察攻击的位置隐私保护

1. 问题描述

为了解决位置服务中的隐私问题，Andrés 等[12]提出一个以差分为基础的位置隐私新概念 Geo-indistinguishability，用以确保以用户真实位置为中心的一个圆形区域内的所有位置都能以近似的概率输出为扰动位置，近似程度由隐私预算决定。但是，传统的差分主要用于涉及多个用户的数据集中，而现有的基于差分技术的位置隐私保护机制只针对单个用户，所以在频繁使用的过程中无法达到传统差分用于统计数据库的效果，因此无法抵御多种推断攻击（例如贝叶斯攻击、最优推断攻击和长期观察攻击）。其中，贝叶斯攻击和最优推断攻击是考虑攻击者通过全局的背景知识（例如人口密度、查询概率等）来对用户进行攻击；长期观察攻击表示攻击者在收集某用户一段时间内所产生的扰动位置后，通过统计这些扰动位置，得到每个位置作为扰动位置出现次数的分布，从而大大提高推测出用户真实位置的概率。图 4-3 所示的实验结果表明，当攻击者收集足够多的扰动位置时，就能够以较高的概率推测出用户的真实位置。

2. Eclipse 方案设计

用户发送请求（包括位置等信息）给服务器并获得相应的服务，所考虑的攻击者为服务器，它可以同时实施短期/长期观察攻击。为了抵御这两类攻击，本书作者提出了一种基于差分的位置隐私保护方案 Eclipse[13]，其目标是通过改进传统的差分机制，即不会每次都在真实位置上进行扰动，使得在较长的一段时间内，扰动位置出现次数的分布服从特定的分布函数，以此来抵抗长期观察攻击。在考虑长期观察攻击的同时也要保证所设计的机制可以抵御贝叶斯攻击和最优推断攻击。这两种攻击方式主要是考虑攻击者拥有全局的背景知识（例如人口密度、查询概率等），并且假设攻击者了解用户所使用的位置隐私保护方法。Eclipse 方案的系统模型和攻击模型如图 4-4 所示。

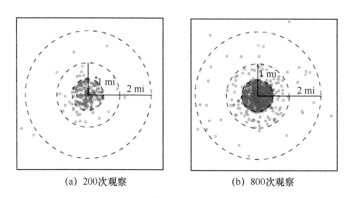

(a) 200次观察　　　　　　　　(b) 800次观察

图 4-3　使用 Geo[12]方案进行多轮扰动的结果

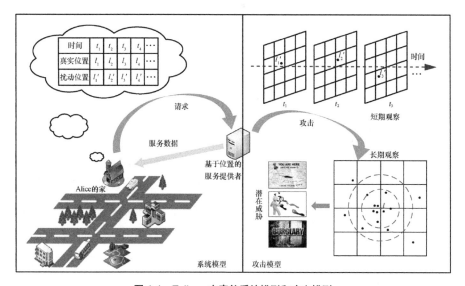

图 4-4　Eclipse 方案的系统模型和攻击模型

（1）预处理

① 隐私保护需求分析。Eclipse 能够在满足用户的 QoS 要求的同时，有效地抵御短期观察和长期观察攻击。具体来说，Eclipse 首先根据用户的 QoS 要求从可能的输出中过滤出一组位置。然后选择一个匿名集来限制预期的推理错误，以抵抗短期观察攻击。最终，Eclipse 根据获得的匿名集和可能的输出集，以差异化和匿名的方式生成一个针对长期观察攻击的混淆位置。图 4-5 展示了Eclipse 的具体流程。

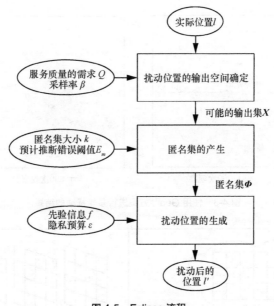

图 4-5 Eclipse 流程

② 参数分析与设定。Eclipse 会涉及多个参数，用户首先根据所处的主客观环境选择合适的参数，这些参数将影响方案的隐私性、服务质量和系统代价。其中隐私性需要衡量两个维度，一是衡量短期的隐私保护效果，二是衡量长期的隐私保护效果；服务质量表现在用户对于位置服务提供商所返回数据的满意程度，可从完整性和冗余性两个方面进行考虑。完整性指的是返回服务数据中有效数据占用户所需数据的比例；冗余性指的是返回服务数据中的无效数据占所有返回数据的比例。系统代价主要表现在计算开销、通信开销、存储开销。

综上所述，Eclipse 需要设定的参数包括差分机制的隐私预算 ε、匿名化程度 k、预计推断错误阈值 E_m、服务质量的需求 Q 和采样概率 β。

③ 扰动位置的输出空间确定。根据服务质量和用户的真实位置进一步缩小输出空间，从而得到可以满足用户服务质量的最大空间。其中，对于扰动位置 l' 和查询半径 r_s，其服务质量的计算方法借助公式（4-9），将其拓展到位置服务场景中，具体为

$$\text{QoS}(l',r_s) = \frac{A(l',r_s) \cap A(l,r_o)}{A(l,r_o)} - \omega \frac{A(l',r_s) - A(l,r_o)}{A(l',r_s)} \qquad (4\text{-}30)$$

其中，$A(l',r_s)$ 表示能够获得的服务数据，$A(l,r_o)$ 表示希望获得的服务数据，所以公式（4-30）的前半部分表示的是完整性，后半部分表示的是冗余性。

基于服务质量的公式，Eclipse 首先找出能够满足用户服务质量的最大空间，该空间的形状是一个以用户真实位置为圆心的圆，该步骤将通过不断增加半径大小的方法寻找出能够满足用户服务质量需求最大的半径。

然后，根据用户输入的采样概率，对满足用户服务质量的最大空间中的元素进行采样，采样的结果即最终扰动位置的输出空间。采样的目的是用来防止攻击者推测出可以满足用户服务质量的最大空间，从而推测出该空间的中心位置，即用户的真实位置。

（2）算法框架

① 匿名集产生。首先，将整个区域内所有的 n^2 个小单元作为初始的集合，根据初始的集合计算出集合中每个元素的希尔伯特值，再根据元素的希尔伯特值对集合中的元素进行排序，从而产生一个有序集合。通过一条希尔伯特曲线，将二维空间上的位置连接起来从而变为一维的空间，并根据连线的先后顺序产生每个位置的希尔伯特值。

然后，根据所产生的有序集合和匿名程度 k，截取有序集合中以真实位置为中心、长度为 $2k-1$ 的集合。根据长度为 $2k-1$ 的集合，进行 k 次循环，每次循环都从集合中抽取 k 个连续的元素，然后计算这 k 个元素的预测推断错误。

其中预测推断错误[14]指的是攻击者通过实施贝叶斯攻击推测用户真实位置时，所产生的预测位置与扰动位置存在的偏差，其计算方法为

$$E(\boldsymbol{\Phi}) = \min_{\hat{l} \in \Phi} \sum_{l \in \Phi} \frac{f(l)}{\sum_{l \in \Phi} f(l)} d_{euc}(\hat{l}, l) \tag{4-31}$$

其中，f 表示先验信息，即一个概率分布信息，如人口密度或查询概率等。

最后，在循环结束后，随机选择一个能够满足用户设置的预测推断错误阈值的 k 个元素作为匿名集合进行输出。

② 扰动位置的生成。该步骤通过结合差分和匿名两种技术产生一个扰动位置。首先，根据之前所计算的扰动位置的输出空间、指数机制中的得分公式和敏感度，给输出空间的每个位置都分配一个权重。其中指数机制是实现差分的一种常见机制，主要用于非数值信息的隐私保护，得分公式则是指数机制中用于计算输出结果质量的公式，该公式可由用户自己定义。Eclipse 中得分公式的计算方法为

$$q(l, l') = -\left(d_{euc}(l, l') + \text{loss}(l')\right) \tag{4-32}$$

其中，$d_{euc}(l, l')$ 表示位置 l 和位置 l' 之间的欧氏距离，$\text{loss}(l') = \sum_{l \in \Phi} \frac{f(l)}{\sum_{l \in \Phi} f(l)} d_{euc}(l, l')$。

其次，根据之前所输出的匿名集计算出差分技术中所需的敏感度，该值会影响差分中所使用的噪声的大小，其计算方法为

$$\Delta q = \max_{l' \in L} \max_{l_i, l_j \in \Phi} \left| -d_{euc}(l_i, l') + d_{euc}(l_j, l') \right| \tag{4-33}$$

最后，根据每个位置的权重来决定选择每个位置作为扰动位置的概率，然后根据此概率随机地选择输出空间的一个位置作为扰动位置。

使用 Eclipse 方案进行多轮扰动的结果如图 4-6 所示。攻击者即使实施了长期观察攻击，也无法以较高的概率推测出用户的真实位置。换言之，相比于

现有的基于 Geo-indistinguishable 的位置隐私保护方法，Eclipse 方案能够利用 k-匿名在一定程度上抵御长期观察攻击。

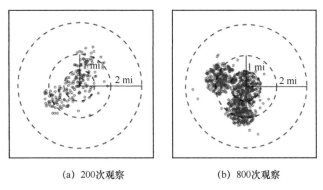

(a) 200次观察　　　　　　(b) 800次观察

图 4-6　使用 Eclipse 方案进行多轮扰动的结果

4.2.2　基于差分的隐私保护算法

本节以数据发布为场景，基于第 3 章的隐私保护算法设计准则，以及 4.1.1 节的概率论方法，结合基于多目标优化的隐私保护算法设计思想，对差分隐私中的差异化隐私预算分配，以及机器学习中数据隐私、模型性能和系统开销三者间的平衡问题开展研究，并构建了系列隐私保护算法。

4.2.2.1　可用性增强的个性化差分隐私保护

近年来，移动社交网络得到了迅速的发展，已成为人们日常生活的重要组成部分，为用户提供了丰富的服务与体验。然而，大量用户真实信息的汇聚也增加了隐私泄露的风险和危害，个人隐私问题因而得到广泛的关注。为此，众多隐私保护方案相继产生，其中差分隐私（Differential Privacy，DP）凭借其能够抵御使用任意背景知识的攻击而备受学术界和工业界推崇，但也存在一定的局限性，具体表现在现有的差分技术通过使用一个全局的隐私预算为数据集中的所有用户提供隐私保护，势必导致所有的用户都受到统一级别的隐私保护。然而，在现实生活中，不同用户对敏感数据的隐私要求往往不同。而传统的差分隐私无法提供这种差异化的隐私保护。为解决用户个性化的隐私需求，个性化差分隐私（Personalized Differential Privacy，PDP）[15-16]概念应运而生，其架构如图 4-7 所示。就隐私保护效果而言，PDP 与 DP 具有相同的抵抗任意背景知识攻击的能力。

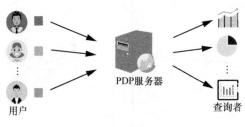

图 4-7　PDP 架构

1.　问题描述

为了更好地实现 PDP 的目标，学术界提出了许多精心设计的 PDP 机制。其中最常见的两种是由 Jorgensen 等[16]提出的采样机制（Sampling Mechanism，SM）和个性化指数机制（Personalized Exponential Mechanism，PEM）。采样机制会根据用户的隐私需求和采样阈值为每个用户计算出其数据的采样概率，然后在采样数据集上使用传统的差分隐私保护算法，从而得到相应的扰动结果。个性化指数机制会为每个可能的查询结果计算出一个输出概率，该输出概率根据用户个性化隐私需求计算得到，然后个性化指数机制会根据该概率随机地输出一个结果。上述两种 PDP 机制虽然考虑了用户个性化的隐私偏好，并在可用性层面有了一定的提升，但仍存在一定的局限性。就可用性而言，现有的 PDP 机制存在输出结果精确度较低的问题；此外，现有的 PDP 机制还存在使用难度大的问题，在使用现有机制的过程中，往往需要使用者自己设定相关参数。比如在采样机制中，对于隐私预算高于采样阈值的用户而言，该用户会得到超出其需求的隐私保护，即加入了过多的噪声，从而导致统计结果可用性差。在采样机制中最核心的参数是采样阈值，但是现有方案没有指出该使用多大的阈值进行采样，由此导致只有当使用者较了解该机制的情况下才能设定出一个合理的参数；在个性化指数机制中，评分函数是个性化指数机制中实现 PDP

的关键，但是在个性化指数机制中所使用的评分函数只关注得到该结果所需要改变元素的隐私偏好，而不关注该元素所产生的变化量，这可能会导致两个相差较远的结果最后却有相同的分数，进而导致其拥有相同的输出概率，最终大幅降低数据的可用性。

针对上述问题，本书作者提出了 AdaPDP 框架[17]，该框架的目的在于提供一种基于采样的个性化差分隐私保护方案，该方案可提升现有 PDP 方案输出结果的可用性。为了提高数据可用性，该方案通过求解最优化问题计算出最优的采样阈值，以降低每次采样过程中隐私预算的浪费，此外，该方案会进行多轮采样，以重新利用之前采样过程中所浪费的隐私预算，从而减少所加的噪声。同时为了降低方案的使用难度，设计了一种自适应的参数计算方法。

2. AdaPDP 方案设计

AdaPDP 的整体架构如图 4-8 所示，其中，数据集 D、用户的个性化隐私需求集合 S 和查询函数 f 是 AdaPDP 的输入。首先，根据查询函数选择合适的噪声产生算法的选择。然后，根据查询函数 f 和个性化隐私需求集合 S，计算出最优的参数值。最后，根据所选择的噪声产生算法和所计算的噪声，执行多轮采样算法，计算出能够满足个性化隐私需求的扰动结果。

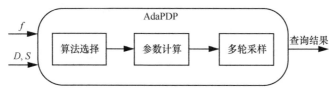

图 4-8　AdaPDP 架构

（1）预处理

① 算法选择。根据查询函数选择出最合适的加噪算法，选择范围包括基于 Laplace 的算法、基于指数机制的算法和 Subsample-and-aggregate 算法。在某些情况下，将噪声直接添加到计算结果可能会完全破坏其使用价值，根据是否允许将噪声直接添加到计算结果中，可将这些查询函数可以分为两类。

对于允许直接添加噪声的函数，可以将它们进一步分为具有高全局敏感度和低全局敏感度的函数。如果查询函数允许直接加噪且全局敏感度较低，AdaPDP 会选择基于 Laplace 的算法。相反，如果查询函数具有较大的全局敏感度，则会选择 Subsample-and-aggregate 算法。对于直接添加噪声会完全破坏其效用的函数，AdaPDP 会选择基于指数机制的算法，具体算法选择如图 4-9 所示。

图 4-9　算法选择

② 参数计算。根据查询函数和性化隐私预算，自适应地计算出方案相关参数，包括终止参数 α、采样权重 ω_s 和噪声权重 ω_n。

首先是终止参数的计算。AdaPDP 首先得到部分终止参数所产生的采样误差，根据给定的终止参数进行多次随机采样实验，根据采样结果得到采样误差，然后拟合出终止参数和采样误差间的函数关系式。同样地，AdaPDP 还会拟合出终止参数和噪声误差间的函数关系式。根据上述两个函数关系式，进一步计算出终止参数和总误差间的关系。利用上述关系式，计算出能够使总误差最小的终止参数。终止参数记为 α，取值范围是 $[0,1]$。AdaPDP 的终止条件是比较当前采样集合的大小是否小于 αN，若小于则表示迭代终止，其中 N 表示原始数据集的大小。

其次是权重的计算。根据所计算的终止参数和个性化隐私预算，借助公式（4-11）反推出两类预算浪费的权重。首先，在所有的个性化隐私预算中找出能够满足终止条件的最大隐私预算，计算方法为

$$t_\alpha = \arg\max_{t \in S} \left(\sum_i \pi_i(t) \right) \geq \alpha N \tag{4-34}$$

其中，$\pi_i(t)$ 表示在 t 作为采样阈值的条件下，第 i 条数据的采样概率。然后，利用所确定的 t_α 计算出两类预算浪费，分别记为 waste_s^α 和 waste_n^α。计算方法为

$$\text{waste}_s^{\alpha} = \sum_{i:S^i < t_{\alpha}} S^i (1 - \pi_i(t_{\alpha}))$$

$$\text{waste}_n^{\alpha} = \sum_{i:S^i > t_{\alpha}} (S^i - t_{\alpha}) \tag{4-35}$$

通过结合两类预算浪费所占权重，总的预算浪费可记为 $\omega_s \text{waste}_s^{\alpha} + \omega_n \text{waste}_n^{\alpha}$，根据基本不等式 $(a + b \geqslant 2\sqrt{ab})$，总的预算浪费满足如下的不等式

$$\omega_s \text{waste}_s^{\alpha} + \omega_n \text{waste}_n^{\alpha} \geqslant 2\sqrt{\omega_s \text{waste}_s^{\alpha} \omega_n \text{waste}_n^{\alpha}} \tag{4-36}$$

通过结合公式（4-36）不等式等号成立的条件以及 $\omega_s + \omega_n = 1$，可以计算出每类预算浪费的权重为

$$\omega_s = \frac{\text{waste}_n^{\alpha}}{\text{waste}_s^{\alpha} + \text{waste}_n^{\alpha}}$$

$$\omega_n = \frac{\text{waste}_s^{\alpha}}{\text{waste}_s^{\alpha} + \text{waste}_n^{\alpha}} \tag{4-37}$$

（2）算法框架

多轮采样中，在第 i 轮迭代时，首先会计算出一个采样阈值 t_i，然后根据该阈值进行采样并计算出一个扰动结果 r_i。此外，该算法还会计算每轮迭代中剩余的隐私预算，并且利用剩余的预算计算出下一轮迭代中所使用的采样阈值。若采样所得集合太小，则迭代终止。具体的终止条件可表示为 $N' < \alpha N$，其中，α 表示终止参数，N 表示原始数据集的大小，N' 表示采样后数据集的大小。具体流程如图 4-10 所示，主要涉及 4 个步骤。

① 采样阈值的计算。根据参数计算部分所计算的参数以及当前剩余的个性化隐私预算，对数据进行采样。首先计算出采样的阈值，根据当前所剩余的个性化预算（S_r，初始为 S），生成采样过程中所需要的采样阈值。该方案通过求解优化问题计算出最优的采样阈值，其中最优化问题的具体定义为

$$\min_t \text{BW}(t, S_r) \tag{4-38}$$

$$\text{s.t. } \min(S_r) \leqslant t \leqslant \max(S_r) \tag{4-39}$$

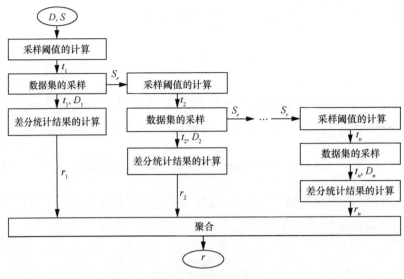

图 4-10 多轮采样流程

其中，t 表示采样阈值，S_r 表示个性化隐私预算，$\min(S_r)$ 和 $\max(S_r)$ 分别表示个性化隐私预算中的最小值和最大值，$BW(t, S_r)$ 表示在给定个性化隐私预算 S 的条件下使用 t 作为采样阈值时所产生的隐私预算浪费。在采样过程中会产生如下两部分预算浪费，一部分预算浪费出现在个性化隐私预算小于采样阈值的数据中，另一部分预算浪费则出现在个性化隐私预算大于采样阈值的数据中。前者的预算浪费会导致采样误差，后者的预算浪费会导致噪声误差。预算浪费的计算公式为 $BW(t, S_r) = \omega_s \sum\limits_{i:S_r^i < t} S_r^i(1 - \pi_i(t)) + \omega_n \sum\limits_{i:S_r^i > t} (S_r^i - t)$，$S_r^i$ 表示第 i 条数据的个性化隐私需求，ω_s 和 ω_n 表示两类预算浪费所占的权重，即两种误差所占的权重，$\pi_i(t)$ 表示第 i 条数据的采样概率。

② 数据集的采样。根据所得到的采样阈值以及每条数据的个性化隐私预算，计算出每条数据的采样概率，然后根据该概率信息进行采样，采样概率的计算方法为

$$\pi_i(t) = \begin{cases} \dfrac{e^{S_r^i} - 1}{e^t - 1}, & S_r^i < t \\ 1, & \text{其他} \end{cases} \tag{4-40}$$

其中，t 表示所使用的采样阈值，$\pi_i(t)$ 表示第 i 条数据的采样概率，$S_i^{\prime}$ 表示第 i 条数据的个性化隐私需求。

③ 结果集合的生成。根据采样时所使用的采样阈值以及所采数据集，生成满足差分隐私的统计结果以及相应的权重，并将所得结果加入结果集合中。然后，根据采样后的数据集以及所使用的采样阈值，计算出剩余的个性化隐私预算，随后进行下一轮迭代。统计结果 r_i 的权重可利用 $\omega_i = n_i t_i$ 进行计算，n_i 表示计算出结果 r_i 所需采用数据集的大小，t_i 表示其采样阈值。

④ 最终统计结果的计算。根据统计结果集合以及每个结果的权重整合出最终的统计结果。具体计算方法为 $r = \sum_{i=1}^{k} \omega_i r_i$，$k$ 表示迭代结束后有 k 个统计结果，ω_i 表示每个统计结果 r_i 的权重。

实验结果表明，AdaPDP 方案在保证用户个性化隐私保护的同时，能够提高多种查询函数统计结果的可用性。

4.2.2.2　基于指数机制的个性化差分隐私

1. 问题描述

针对个性化指数机制中存在的可用性问题，本书作者提出了 UPEM 方案[18]。该方案的目的在于提供一种基于个性化指数机制的高可用性个性化差分隐私保护方案。一方面，该方案通过使用与个性化指数机制相同的评分函数实现个性化的目标；另一方面，该方案通过引入新的评分函数实现增强可用性的目标。个性化的目标是通过考虑扰动数据的个性化隐私预算实现的，而增强可用性的目标则是通过考虑数据扰动前后量的变化实现的。总而言之，该方案通过同时考虑上述两个因素达到了在增强数据可用性的同时有效地实现个性化差分隐私的目标。

2. UPEM 方案设计

（1）UPEM 方案基本思路

UPEM 将直接应用于提供数据发布的可信服务器，该服务器会收集不同用户的数据及其所对应的隐私需求，当有查询者想要获取这些数据的某些统计结果时，服务器会利用 UPEM 发布能够满足个性化差分隐私的统计值。该方案将根据查询函数产生每个可能结果的输出概率，最后再根据该概率随机地输出一个统计结果（例如均值、中位数、方差等）。在 UPEM 中，用户会向服务器提供原始的个人数据，而服务器会对外提供查询接口。为了保证用户个性化的隐私需求，该服务器会实施个性化差分隐私保护方法，将其称为 PDP 服务器。

UPEM 方案的输入是用户的隐私数据、个性化隐私预算和查询函数，输出是一个满足用户个性化隐私需求的查询结果，其大致流程如图 4-11 所示。首先，客户端向 PDP 服务器上传个人数据及其个性化隐私预算，UPEM 根据数据集和查询函数产生查询结果可能的输出集合计算出每个结果的预评分，通过考虑产生可能结果所需改变元素的隐私预算，为这些可能的输出结果产生一个预评分。然后，在预评分的基础上进一步考虑所改变元素量的变化，由此为可能的输出结果产生一个最终的评分。最后，根据每个可能结果的输出概率随机地输出一个查询结果返回给查询器。该方法可以产生可用性较高且满足个性化差分隐私的统计结果，由此在保证用户个性化隐私需求的同时，也保证了数据查询人员能够得到有用的统计值。

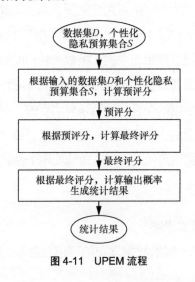

图 4-11 UPEM 流程

（2）UPEM 方案流程

UPEM 方案按照如下 3 个步骤操作。

① 预处理。该步骤根据目标函数以及用户的个性化隐私预算，使用评分公式对所有可能的函数结果计算一个预评分，该分数考虑了产生一个输出结果所需改变元素对应的隐私预算。产生一个可能的查询结果可能存在多种扰动方案，根据差分隐私中隐私预算越低则隐私保护强度越高的特性，个性化指数机制的评分函数将进一步计算所有方案需要改变元素的隐私预算之和，隐私预算之和最小的方案将被用于计算该结果的预评分记为 score_{p_f}。具体计算公式为

$$\text{score}_{p_f}(D,r,S) = \max_{f(D')=r} \sum_{i \in D \oplus D'} -S^i \tag{4-41}$$

其中，f 表示所查询的函数，D 表示原始的数据集，S 表示用户个性化隐私预算集合，S^i 表示用户 i 的隐私预算，r 表示可能的输出结果，$D \oplus D'$ 表示数据集 D 和数据集 D' 不同元素的集合。

② 最终评分计算。该步骤在预评分的基础上，进一步考虑了可能的查询结果和真实结果之间的偏差，以此作为每个可能结果的最终评分，实现了在满足个性化差分隐私的同时提升了统计结果的可用性。

所述最终评分不但考虑了所改变元素的隐私预算，还考虑了所改变元素量的变化。预评分公式只考虑了所改变元素的隐私预算，从而导致两个相差较远的结果最终得到相同的预评分。因此，最终评分为了能够进一步区分有相同预评分的结果，还考虑了元素量的变化这一评分因素，由此产生了最终评分记为 $\text{score}_{\text{all}_f}$，计算方法为

$$\text{score}_{\text{all}_f}(D,r,S) = \text{score}_{p_f}(D,r,S) + d_f(D,r) \tag{4-42}$$

其中，$\text{score}_{p_f}(D,r,S)$ 表示所计算的预评分结果，$d_f(D,r) = \dfrac{-|f(D)-r|}{\Delta f_{\max}}$ 用于度量元素量的变化，$\Delta f_{\max}$ 表示可能结果上下界的差值，用于归一化结果。

（3）统计结果生成。利用所产生的最终评分为每个可能的输出结果计算出其相应的输出概率。根据所计算的输出概率，随机地输出一个结果作为最终发

布的统计结果。对于每个结果 r ，其输出概率的计算方法为

$$\Pr(r) = \frac{\exp\left(\dfrac{\mathrm{score}_{\mathrm{all}_f}(D,r,S)}{2\left(1+\dfrac{1}{S_{\min}}\right)}\right)}{\displaystyle\sum_{q\in R}\exp\left(\dfrac{\mathrm{score}_{\mathrm{all}_f}(D,q,S)}{2\left(1+\dfrac{1}{S_{\min}}\right)}\right)} \qquad (4\text{-}43)$$

其中， $S_{\min}$ 表示隐私预算集合中隐私预算最小的值， R 表示可能输出结果 r 所在的集合。

4.2.2.3　深度学习中的用户隐私保护

深度学习凭借其在分类和识别复杂数据（例如图像、语音和文本）等方面所展现的显著优势，成为人工智能时代最受欢迎的技术之一。在建立基于深度学习的智能系统时，移动终端、物联网等各种设备需要收集大量的用户数据用于训练，以保证模型的学习效果；而深度学习中的模型大多结构复杂，训练时间和资源开销巨大，通常只能借助高性能服务器完成。随着互联网产业的发展，Google 和百度等服务厂商提供了大量的云平台，可为用户定制其需要的深度学习服务，机器学习即服务架构应运而生，如图 4-12 所示。在这种架构下，客户端运行在用户本地，负责采集用户数据并上传至服务器，服务器收到客户端上传的数据后对其进行训练并生成模型，并对外提供预测服务。

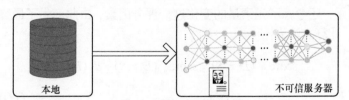

图 4-12　机器学习即服务架构

1.　问题描述

机器学习即服务架构存在诸多隐私泄露问题。第一，用户将本地数据

上传到服务器的过程中，数据的所有权和控制权相互分离，诚实而好奇的服务器可以利用获取的数据恢复原始数据中的隐私信息，而外部攻击者可以向服务器的模型发起逆向攻击来恢复出原始训练数据，这两种情况都对用户隐私造成巨大威胁。第二，对于一些数据驱动型公司来说，数据是其核心资产，对外发布或上传会造成数据资产的流失。第三，从用户终端上采集到的数据往往繁乱冗余，将采集到的数据全部上传会给传输和训练过程造成巨大的压力，而且冗余或关联的数据对后续模型训练工作的价值有限。因此，在机器学习即服务架构中，如何在充分保证模型性能的同时防止隐私泄露的问题亟待解决。

为此，学术界已提出了多种保护方案，但是研究者通常将模型的训练过程或推断过程分开考虑，因而无法同时兼顾训练过程或推断过程的隐私保护。此外，用户设备采集到的原始数据体量庞大，向服务器上传全部数据会造成巨大的通信开销。而且其中不乏大量关联甚至重复的数据，它们的训练价值不高，对模型性能的提升有限，甚至会损害模型泛化性；同时大量数据的流出会造成数据所有者的资产损失，显著增加隐私泄露的风险。

以公式（4-10）为指导，本书作者设计了一种基于代表性样本选取的隐私保护框架[19]。该框架面向分布式深度学习场景，能够有效地实现数据隐私、模型性能和系统开销三者间的平衡。

2. 深度学习中的用户隐私保护算法框架

（1）基本思路

基于代表性样本选取的深度学习隐私保护框架可部署于深度学习任务中的客户端，其大致流程如图 4-13 所示。首先，为每个用户从原始训练集中选取一组代表性样本作为训练样本，从源头上杜绝批量化的数据资产泄露，最大限度地保护用户数据资产及其蕴含的隐私信息；其次，对于必须上传的代表性样本，进行基于差分技术的隐私化处理后，再上传至服务器，确保在不降低数据训练价值的前提下尽可能地保证数据的隐私性，同时降低用户传输数据的通信开销。

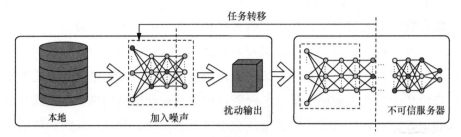

图 4-13　基于代表性样本选取的隐私保护框架

（2）方案步骤

该框架的实施具体包括如下 4 个步骤：数据采集与预处理、参数设定、代表性样本选取、扰动数据的生成。

① 数据采集与预处理。客户端设备收集到新的数据后，将其转化为适合深度学习的数值表示。

② 参数设定。客户端根据主客观环境确定代表性样本比例、置零率、零化矩阵和噪声尺度等参数。若客户端指定屏蔽项，则据此确定零化矩阵；否则根据置零率随机生成零化矩阵。具体地，参数包括训练集代表性样本比例 $k_1 \in (0,1]$、预测集代表性样本比例 $k_2 \in (0,1]$、扰动层 $l \in [1, L]$、置零率 $\mu \in [0,1)$、零化矩阵 $I_n \in \mathbb{R}^N$ 和噪声尺度 σ 等参数，L 表示客户端神经网络总层数，$\mathbb{R}^N$ 表示客户端原始数据的向量空间。

③ 代表性样本选取。该步骤的目标是生成代表性样本集，根据步骤②设定的代表集比例，客户端在训练集和预测集上分别应用代表性样本选取算法，各自筛选出相应比例的能够有效覆盖全集特征的代表性子集，作为本次采样后真实的数据集。

首先，根据数据是否有标签，将其分为训练集和预测集，并根据不同标签类别对训练集进行分组。然后，客户端根据训练集代表性样本比例 k_1，在各组训练集上分别应用代表性样本选取算法，在各组内分别筛选出相应比例的代表性训练子集，组合后得到本次采样后真正的训练集。最后，客户端根据预测集代表性样本比例 k_2，在预测集上应用代表性样本选取算法，筛选出相应比例的代表性预测子集，作为本次采样后真正的预测集。特别地，如果客户端对模型性能要求极高，愿意向服务器提交全部数据用于模型训练或预测时，可以将训练集/预测集代表性样本比例设定为 1，即可跳过该步骤，直接进行步骤④。

④ 扰动数据的生成。该步骤的核心目的是输出一个用于保护真实数据的扰动数据。首先，根据步骤③产生的零化矩阵对步骤②选出的训练子集和预测子集中相应数据项置零，然后通过差分扰动算法得到满足隐私预算的扰动表示。当客户端采集到一批新的数据并需要发送到服务器端完成深度学习任务时，该方法将结合用户所设置的个性化参数，筛选并输出一批扰动数据，将其发送给服务器。上述操作均在客户端本地完成，对服务器端完全透明。

具体地，根据零化矩阵 I_n，对步骤③输出的代表性数据集进行特定项置零操作。然后将零化后的数据通过客户端神经网络前 l 层进行前向传播，计算出神经网络第 l 层的中间输出。根据噪声尺度 σ，对于中间输出的每一条数据，分别为其生成一个维度为 N' 的满足拉普拉斯分布的随机噪声向量，并在该条数据中加入此噪声。对于输出的加噪数据，通过客户端神经网络的后 $N-l$ 层进行前向传播，计算出最终的扰动输出。

实验结果表明，利用代表性样本集训练的模型准确性较全集无明显下降，且加入噪声机制后的扰动数据能够有效抵抗数据重构攻击。

4.2.3 基于隐私-可用性函数的隐私保护算法

本节针对位置和轨迹隐私保护，基于第 3 章的隐私计算框架的度量、脱敏和评估环节，以及 4.1.2 节的算法设计准则，利用互信息度量隐私泄露，基于隐私-可用性函数在不同可用性需求下设计最佳隐私保护算法，并且基于失真度度量数据可用性，实现隐私保护算法的效果量化评估。

4.2.3.1 多等级位置隐私度量与保护

在 LBS 实际应用中，位置数据的使用者可能具有不同的使用需求、使用权限或信任等级，因此有必要对位置数据进行分级发布。本书作者基于隐私计算框架，提出了多等级位置隐私度量与保护算法[20]。在隐私信息描述环节可在六元组约束条件中规定数据使用者的访问权限级别，在隐私度量环节可基于互信息度量不同级别情况下的隐私泄露，在方案设计环节针对不同权限等级数据使用者设计最小化隐私泄露的位置数据隐私保护机制，在隐私保护效果评估环节可以基于互信息推断分析在攻击者拥有不同等级发布数据，并且能够利用这些数据推测真实位置数据场景下的隐私泄露。

1. 隐私和可用性度量

令随机变量 L 和 V_k 分别表示用户的真实位置和发布给等级为 k 的数据使用者的扰动位置，对应的 l 和 v_k 分别表示这两个随机变量的可能取值。假设数据使用者是不可信的，其会利用扰动后的位置数据来推测用户的真实位置信息。不同等级的数据使用者被允许访问的位置数据扰动程度不同，等级越高的数据使用者获得的位置数据扰动程度越小，即扰动数据更接近真实位置数据，可用性更高，反之亦然。

定义 4-12 隐私保护等级为 k 时的位置隐私度量。当位置数据拥有者使用隐私保护等级为 k 的位置隐私保护机制（Location Privacy Protection Mechanism，LPPM）生成扰动位置数据 V_k，并发布给等级为 k 的数据使用者时，把由扰动位置 V_k 所导致的隐私泄露定义为 $I(L;V_k)$，其中 $I(L;V_k)$ 是真实位置和扰动位置之间的互信息，k 取自正整数集，k 越小表示等级越高。

定义 4-13 扰动位置的可用性度量。给定用户的真实位置 L 和要发布给等级为 k 的数据使用者的扰动位置 V_k，将扰动位置的可用性度量方法定义为

$$D(L,V_k) = \sum_l \sum_{v_k} P(l)P(v_k \mid l)d(l,v_k) \tag{4-44}$$

其中，$P(l)$ 是真实位置 L 的先验概率分布；$P(v_k \mid l)$ 是转移概率，即 LPPM；$d(l,v_k)$ 是真实位置与扰动位置间的失真函数（例如，汉明距离或欧几里得距离）。

命题 4-1 发布扰动位置数据 V_k 时的隐私-可用性函数。给定用户在某一时刻的真实位置 L，在该时刻要发布给等级为 k 的不可信数据使用者的扰动位置 V_k 和可用性约束 D_k，当一个 LPPM 是如公式（4-22）所示优化问题的解时，

这个 $\mathrm{LPPM}\left(P(v_k|l)\right)$ 在给定的可用性约束 D_k 的条件下达到位置隐私的最小泄露。本场景下具体为

$$\mathrm{Leakage}_k^*(D_k) = \min_{P(v_k|l):D(L,V_k)\leqslant D_k} I(L;V_k) \qquad (4\text{-}45)$$

然而，在存在多个等级数据使用者的场景下，若某一数据使用者成为恶意攻击者，他可能会通过恶意截取或与其他等级数据使用者共谋等方式，来获取原本要发布给其他等级数据使用者的扰动位置数据，然后该攻击者即可通过对多个具有不同隐私保护等级的发布数据进行联合分析，进而更精确地推测真实位置数据 L。将这类攻击定义如下。

定义 4-14 多样性攻击。在数据发布者对数据使用者信任程度不同的场景下，数据发布者会依据不同的信任程度来对数据使用者进行等级划分。在这种场景中会存在一种攻击，设数据发布者的真实位置数据是 l，其发布给不同等级数据使用者的位置数据分别为 $v_1 v_2 \cdots v_m \cdots v_M$，其中 m 为等级序号，m 值越小表示数据使用者等级越高。在这种场景中，当等级为 m 的数据使用者成为恶意攻击者时，其可通过恶意截取等方式获取发布给其他等级数据使用者的数据集 $V\setminus m$，其中 $V\setminus m$ 表示 $v_1 v_2 \cdots v_m \cdots v_M$ 中除了 v_m 以外任意发布数据组成的集合。

例如，攻击者可获得等级为 2 和等级为 M 的发布数据 v_2 和 v_M，有 $V\setminus m = v_2 v_M$，然后将其根据自身权限获取的发布数据 v_m 与 $V\setminus m$ 进行联合数据分析，攻击者可以更精确地推断出数据发布者的真实位置数据 l。将这类攻击定义为多样性攻击。

当多等级隐私保护的位置数据发布中存在多样性攻击时，会对数据拥有者的真实位置数据 l 造成更多的隐私泄露。为了衡量此类隐私泄露的程度，可以基于信息论方法度量多样性攻击造成的隐私泄露。

定义 4-15 多样性攻击隐私泄露的度量。设等级为 m 的数据使用者为恶意攻击者，当其获取了多个发布给不同等级数据使用者的数据集 $V\setminus m$ 后，能够将 v_m 与 $V\setminus m$ 进行联合数据分析来推测数据拥有者的真实位置数据 L，将这

种攻击对数据拥有者的真实位置数据 L 造成的隐私泄露定义为 $I(L;v_m \bigcup V \setminus m)$ ，其中， $I(L;v_m \bigcup V \setminus m)$ 是真实位置 L 与数据集 $v_m \bigcup V \setminus m$ 之间的互信息。

定义 4-15 提供了一种通用的、用于度量隐私保护机制在受到多样性攻击情况下所产生的隐私泄露。该度量方法可用于衡量任何能够计算出互信息 $I(L;v_m \bigcup V \setminus m)$ 的隐私保护机制的多样性攻击隐私泄露。后续将详细介绍多样性攻击隐私泄露的计算过程。

2. 多等级位置隐私保护算法

多等级隐私保护位置发布机制可保证在一定的可用性约束条件下，每一级别的扰动位置数据对真实位置数据具有最小的隐私泄露。算法具体过程如下。

（1）预处理

确定真实位置的概率分布 $P(l)$ 、位置失真函数 $d(\cdot,\cdot)$ 、算法收敛判断阈值 δ 。多级隐私保护位置数据发布机制中的级别 i 由该算法中的输入参数 s （拉格朗日乘子）决定，即数据发布者根据 s 来定义等级 i 。例如，当 s 的值取自集合 $\{0.01, 2, 5\}$ 时，可以定义 $s = 5, 2, 0.01$ 时对应的等级分别为 $i = 1, 2, 3$ 。将输出分布 $P(v_i)$ 初始化为均匀分布。

（2）算法框架

为了生成基于 $\text{Leakage}_i^*(D_i)$ 的最优 $P(v_i \mid l)$ ，使用 Blahut-Arimoto 算法，具体步骤如下。

① 计算 $P(v_i \mid l)$

$$P(v_i \mid l) = \frac{P(v_i)\mathrm{e}^{-sd(l,v_i)}}{\sum_{v_i} P(v_i)\mathrm{e}^{-sd(l,v_i)}} \tag{4-46}$$

② 根据 $P(v_i \mid l)$ ，计算 $P(v_i)$

$$P(v_i) = \sum_l P(l)P(v_i \mid l) \tag{4-47}$$

③ 根据 $P(v_i \mid l)$ 、 $P(v_i)$ 计算 $I(L;V_i)$ ，并根据阈值 δ 判断算法是否收敛，

如未收敛转步骤①，通过反复迭代 $P(v_i \mid l)$ 和 $P(v_i)$ 直至算法收敛。

$$I(L;V_i) = \sum_l \sum_{v_i} P(l) P(v_i \mid l) \log \frac{P(v_i \mid l)}{P(v_i)} \tag{4-48}$$

最终可获得最优 $P(v_i \mid l)$。此时根据互信息的定义可以计算出发布隐私保护等级为 k 的扰动数据对真实位置造成的隐私泄露。

算法 4-1 中详细介绍数据发布者如何通过控制输入参数来获取用于生成发布给多个不同级别数据使用者扰动位置数据的 $P(v_i \mid l)$。在获取了 $P(v_i \mid l)$ 后，按照概率分布 $P(v_i \mid l)$ 进行采样来发布扰动位置 v_i。

算法 4-1　多隐私保护等级的位置数据发布机制

输入　拉格朗日乘子（等级控制因子）s，数据使用者的等级 i，真实位置的概率分布 $P(l)$，真实位置数据与发布的扰动位置数据间的失真函数 $d(l,v_i)$，算法收敛设置的阈值 δ

输出　发布扰动位置数据给等级为 i 的数据使用者时所使用的 $P(v_i \mid l)$，将 v_i 发布给等级为 i 的数据使用者所导致的最小隐私泄露 I_i^*，对应于 I_i^* 的失真 D_i，扰动位置 v_i 的边缘分布 $P(v_i)$

1）初始化 $P_0(v_i)$ 为均匀分布

2）用 $P_0(v_i)$ 和公式（4-46）计算出 $P_0(v_i \mid l)$

3）用 $P_0(v_i \mid l)$ 和公式（4-47）计算出 $P(v_i)$

4）用 $P_0(v_i)$、$P_0(v_i \mid l)$、$P(l)$ 和公式（4-48）计算出 $I_i^0 = I(L;V_i)$

5）while true do

6）　用 $P(v_i)$ 和公式（4-46）计算出 $P(v_i \mid l)$

7）　用 $P(v_i)$、$P(v_i \mid l)$ 和公式（4-48）计算出 $I_i = I(L;V_i)$

8）　if $(\mid I_i^0 - I_i \mid \leqslant \delta)$ then

9）　　$I_i^* \leftarrow I_i$

10）　　计算出 $D_i = \sum_l \sum_{v_i} P(l) P(v_i \mid l) d(l,v_i)$

11）　　return $P(v_i \mid l)$，I_i^*，D_i

12） else

13） $I_i^0 \leftarrow I_i$

14） 用 $P(v_i|l)$、$P(l)$ 和公式（4-47）计算出 $P(v_i)$

15） end if

16）end while

通过给出算法 4-1 中每一步迭代的计算复杂度的表达式，来分析该算法的计算复杂度。在每次迭代中，计算复杂度是由计算 $P(v_i|l)$ 和 $P(v_i)$ 主导。公式（4-46）中 $P(v_i|l)$ 的复杂度分析如下：针对变量 l 的每个取值，对于一个特定的 v_i，在分母上需要进行 $|V_i|$ 次乘法。考虑到对每个 v_k 都使用这个分母，因此共需要 $O(|V_i|)$ 次计算操作。考虑到变量 l 的所有取值，计算 $P(v_i|l)$ 的复杂度为 $O(|V_i|\cdot|L|)$。

类似地，公式（4-47）中 $P(v_i)$ 的复杂度分析如下：对于一个特定的 v_i，需要 $|L|$ 次乘法。考虑到所有的 v_i，计算 $P(v_i)$ 时的复杂度为 $O(|V_i|\cdot|L|)$，因此算法 4-1 中的每次迭代大约需要 $O(|V_i|\cdot|L|)$ 次计算。

3. 多样性攻击隐私保护效果评估

定义 4-14 中指出，攻击者可能截取到的发布给其他等级数据使用者的数据集 $V\setminus m$ 包括除 v_m 以外的任意发布数据。为了简单起见，以数据使用者分为 3 个等级为例，来详细介绍如何使用本节提出的多样性攻击隐私泄露的度量方法，来衡量当攻击者获得其他两个等级的发布数据时导致的隐私泄露，以对隐私保护效果给出量化评估方法。

设该场景中数据拥有者的真实位置数据为 L，通过算法 4-1 生成了用于发布给 3 个不同等级的数据使用者的扰动位置数据 V_1, V_2, V_3。设攻击者的等级为 2，当他通过截获等方式获得其他两个等级用户的数据 V_1 和 V_3 时，该攻击者可通过将发布数据 V_1, V_2, V_3 进行联合分析进而更好地推断真实位置数据 L 的值。根据定义 4-15 中提出的度量方法，这种场景下的多样性隐私泄露为 $I(L;V_1,V_2,V_3)$。

为了清楚地描述出如何计算不同隐私保护机制在受到多样性攻击时导致的隐私泄露，下面将对互信息 $I(L;V_1,V_2,V_3)$ 进行展开计算。根据互信息的定义可得到

$$I(L;V_1,V_2,V_3) = H(V_1,V_2,V_3) - H(V_1,V_2,V_3 \mid L) \tag{4-49}$$

根据信息熵的定义可得到

$$H(V_1,V_2,V_3) = -\sum_{v_1,v_2,v_3} P(v_1,v_2,v_3) \log P(v_1,v_2,v_3) \tag{4-50}$$

由于 V_1,V_2,V_3 分别为真实位置 L 经由 3 种不同隐私保护等级处理后的发布数据，因此 V_1,V_2,V_3 之间相互独立。进一步可得到

$$P(v_1,v_2,v_3) = P(v_1)P(v_2)P(v_3) \tag{4-51}$$

其中，v_1,v_2,v_3 的边缘分布为

$$P(v_m) = \sum_l P(l) \log P(v_m \mid l), m = 1,2,3 \tag{4-52}$$

根据条件熵的定义可得到

$$H(V_1,V_2,V_3 \mid L) = -\sum_{v_1,v_2,v_3,l} P(v_1,v_2,v_3,l) \log P(v_1,v_2,v_3 \mid l) \tag{4-53}$$

其中，

$$P(v_1,v_2,v_3,l) = P(v_1 \mid v_2,v_3,l)P(v_2 \mid v_3,l)P(v_3 \mid l)P(l) = P(v_1 \mid l)P(v_2 \mid l)P(v_3 \mid l)P(l) \tag{4-54}$$

公式（4-54）中第一个等号是基于概率论中的贝叶斯公式，第二个等号是由于考虑单一时刻的位置发布，因此当给定真实位置 L 时，V_1 完全由 L 决定，而与其他变量无关，因此可得到

$$P(v_2 \mid v_3,l) = P(v_2 \mid l) \tag{4-55}$$

同样地可得到

$$P(v_1,v_2,v_3 \mid l) = P(v_1 \mid l)P(v_2 \mid l)P(v_3 \mid l) \tag{4-56}$$

由此可以看出，计算互信息 $I(L;V_1,V_2,V_3)$ 的关键是需要知道发布数据 V_1,V_2,V_3 的边缘分布、条件概率分布 $P(v_1 \mid l),P(v_2 \mid l),P(v_3 \mid l)$ 以及真实位置 L 的概率分布 $P(l)$。

该方法基于信息论，独立于任何攻击，可用于单一时刻的位置隐私度量。实验结果表明，在没有多样性攻击和有多样性攻击的两种场景中，该 LPPM 从隐私–可用性折中的效果评估方面相比于基于差分隐私的 LPPM 具有显著优势，尤其是当真实位置的先验概率分布存在特别频繁的一些位置时，这种优势越明显。

4.2.3.2　轨迹和聚合位置的隐私计算

轨迹是用户在使用 LBS 时持续传给 LBS 服务器的一组位置，比如在导航应用中，用户需要持续地将其位置信息上传给服务提供商，这就形成了一条具有高度时间关联的轨迹。此外，位置服务提供商也可能仅需要定期收集和计算聚合位置信息，来识别出一些特定的现象或跟踪某些重要的模式。根据不同的服务目的，聚合计算可以是求和、均值、标准差、密度等。例如，利用用户的移动设备收集到的位置数据，可以获取高峰时段道路拥堵时的平均车速、计算道路拥堵时的平均延迟，或统计某个特定地点被流感感染的患者数目以监测流感的传播情况。

然而，直接将轨迹数据或聚合位置数据公开发布会造成用户的隐私泄露。本节基于隐私计算框架以及 4.1.2 节的算法设计准则，从度量、效果评估和算法设计 3 个方面介绍本书作者提出的轨迹隐私计算方法[21]和聚合位置隐私计算方法[22]。

1. 轨迹隐私和聚合位置隐私度量

（1）轨迹隐私度量

将用户在时刻 i 的位置 L_i 表示为一个三元组(x_i, y_i, i)，其中 x_i、y_i 和 i 分别表示纬度坐标、经度坐标和时刻。一条长度为 T 的真实轨迹 L 和扰动轨迹 U 被分别表示为由位置组成的序列$(L_1, \cdots, L_T)$和$(U_1, \cdots, U_T)$，其中时间 i 和长度 T 都取整数。为了方便分析和计算，假设用户在 N 个离散的位置上移动，并且位置间的转移遵循一阶马尔可夫转移模型。特别地，主要研究用户以在线的方式发送其轨迹给不可信的位置服务提供商的场景，如图 4-14 所示。

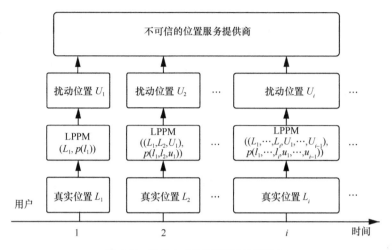

图 4-14　在线方式的隐私保护位置发布

从图 4-14 可以看出，在经过了一定的时间序列 $1,\cdots,T$ 后，不可信的位置服务提供商可以观测到形式为 $(U_1,\cdots,U_T)$ 的发布（扰动）轨迹，可根据该扰动轨迹来推测用户的隐私信息。假设该位置服务提供商具有关于用户位置的统计知识，即用户位置的初始概率分布和位置转移模型，并对其计算能力不做任何假设。理论上来说，攻击者可以利用这种统计知识和观测到的扰动轨迹进行任意形式的攻击或推测。下面，分析在该种场景下发布用户的扰动轨迹所造成的隐私泄露。

定义 4-16　轨迹隐私的度量。经过一定的时间后，给定用户的真实轨迹 L 和要发布给不可信位置服务提供商的扰动轨迹 U，把由扰动轨迹导致的隐私泄露定义为

$$I(L;U) = I(L_1,\cdots,L_T;U_1,\cdots,U_T)$$

其中，$I(L;U)$ 是用户的真实轨迹和扰动轨迹之间的互信息，用来作为轨迹隐私的度量标准。

定义 4-17　轨迹的可用性度量。经过一定的时间后，给定用户的真实轨迹 L 和要发布给不可信位置服务提供商的扰动轨迹 U，轨迹的可用性度量标准定义为 $D(L;U) = \sum_{i=1}^{T} D(L_i;U_i)$。其中 $D(L_i;U_i)$ 是发布位置 U_i 在时刻 i 时的平均

失真，$D(L_i; U_i) = \sum_{l_i, u_i} P(l_i) q(u_i \mid l_i) d(l_i, u_i)$，$d(l_i, u_i)$ 为失真函数（例如汉明距离或欧几里得距离）。发布的位置 U_i 在位置时刻 i 的可用性约束定义为 $D(L_i; U_i) \leqslant D_i, i = 1, \cdots, T$，其中 D_i 是分配给时刻 i 的失真限制，这也间接地表明了整条轨迹的失真限制是 $D \leqslant \sum_{i=1}^{T} D_i$。

定义 4-18 离线场景下的轨迹隐私–可用性函数。经过一定的时间后，给定用户的真实轨迹 L、要发布给不可信位置服务提供商的扰动轨迹 U，以及可用性约束 $D \leqslant \sum_{i=1}^{T} D_i$。当一个 LPPM 是公式（4-57）优化问题的解时，称这个 LPPM 在给定的可用性约束 D 的条件下达到了轨迹隐私的最小泄露。

$$\mathcal{L}_{\text{offline}}(D) = \min_{q(u \mid l): \{D(L_i; U_i) \leqslant D_i\}_{i=1}^{T}} I(L; U) \tag{4-57}$$

其中，$I(L; U)$ 是轨迹隐私的度量标准。

为了便于刻画在线场景下的轨迹隐私–可用性函数，首先给出在线位置发布机制真实隐私泄露的定义。

定义 4-19 在线位置发布机制的真实隐私泄露度量。经过了一定的时间 $1, \cdots, T$ 后，当用户以在线的方式发布其位置时，即用户按照时间序列顺序实时地发布其位置，继而形成了一条轨迹，将在这个在线位置发布场景下产生的隐私泄露定义为

$$\mathcal{L}_{\text{online}}^{\text{Actual}}(\text{LPPM}) = \sum_{i=1}^{T} I(L^i; U_i \mid U^{i-1}) \tag{4-58}$$

其中，LPPM 可以由任意方法生成。把 $\mathcal{L}_{\text{online}}^{\text{Actual}}(\text{LPPM})$ 作为衡量在线场景下位置发布机制的真实隐私泄露的度量标准。

定义 4-20 在线场景下的轨迹隐私–可用性函数。以在线方式发布轨迹时的隐私–可用性函数为

$$\mathcal{L}_{\text{online}}(D) = \sum_{i=1}^{T} \min_{q(u_i \mid l^i, u^{i-1}): D(L_i; U_i) \leqslant D_i} I(L^i; U_i \mid U^{i-1}) \tag{4-59}$$

可以证明，在线场景下轨迹的隐私–可用性函数总是不小于离线场景下轨

迹的隐私–可用性函数，即 $\mathcal{L}_{\text{offline}}(D) \leqslant \mathcal{L}_{\text{online}}(D)$ 。

（2）聚合位置隐私度量

用户的位置文件由一个大小为 $L \times T$ 的二进制矩阵 $\boldsymbol{A}_m$ 表示，其中下标 m 表示用户的 ID，L 表示位置的数目，T 表示聚合过程中的时刻的数目。矩阵中元素被表示为 $\boldsymbol{A}_m(l,t)$，其为取值为 1 或 0 的二进制变量，取值为 1 和 0 时分别表示用户 m 在时刻 t 位于和不位于位置 l 。

用户位置的先验概率由大小为 $L \times T$ 的矩阵 $\boldsymbol{P}_m$ 表示。矩阵中的每一个元素 $\boldsymbol{P}_m(l,t)$ 表示用户 m 在时刻 t 位于位置 l 的概率，且有 $\sum_{l=1}^{L} \boldsymbol{P}_m(l,t) = 1$ 。

聚合位置数据由一个大小为 $L \times T$ 的矩阵 $\boldsymbol{A}$ 表示，矩阵中的每个元素 $A(l,t)$ 表示在时刻 t 位于位置 l 的用户数目，且有 $\sum_{l=1}^{L} A(l,t) = M$ ，其中，M 为参与聚合过程的用户总数目。

为了保护用户的聚合位置隐私，需要在发布原始聚合位置数据 $\boldsymbol{A}$ 之前对其进行一定的扰动进而得到矩阵 $\tilde{\boldsymbol{A}}$ ，同时还需要保证数据可用性。图 4-15 显示了本节研究的聚合位置数据隐私的问题场景。下面分析在该种场景下发布扰动矩阵 $\tilde{\boldsymbol{A}}$ 对原始矩阵 $\boldsymbol{A}$ 和用户位置数据 $\boldsymbol{A}_m$ 所造成的隐私泄露。

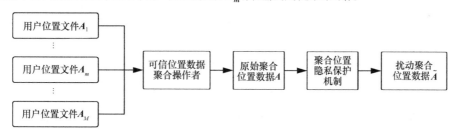

图 4-15　聚合位置隐私保护的问题场景

需要特别强调的是用于表示扰动后的聚合位置数据的矩阵 $\tilde{\boldsymbol{A}}$ 应该具有和原始矩阵 $\boldsymbol{A}$ 相同的性质，即矩阵中元素的取值也应该是 0 到 M 的整数，且每一列元素的加和等于 M 。考虑到置换方法可以保证扰动后的矩阵仍可以保持原来的特性，因此基于置换的方法来设计聚合位置隐私保护机制（Aggregated LPPM, ALPPM）。

定义 4-21 聚合位置数据的隐私度量。给定用户 m 的位置文件 A_m，真实的聚合位置矩阵 A 和扰动后的聚合位置矩阵 $\tilde{A}$，用 $I(A_m;\tilde{A})$ 和 $I(A;\tilde{A})$ 来分别衡量发布扰动后的聚合位置数据对个人位置和原始聚合数据所造成的隐私泄露。

定义 4-22 聚合位置数据的可用性度量。给定真实的聚合位置矩阵 A 和扰动后的聚合位置矩阵 $\tilde{A}$，聚合位置数据的可用性度量标准定义为 $D = D(A,\tilde{A}) = \sum_{t=1}^{T} D(A(t),\tilde{A}(t))$，其中 $D(A(t),\tilde{A}(t))$ 是在时刻 t 时聚合位置的平均失真，即 $D(A(t),\tilde{A}(t)) = \sum_{a(t)\in A(t),\tilde{a}(t)\in \tilde{A}(t)} p(a(t),\tilde{a}(t))\, d(a(t),\tilde{a}(t))$，其中 $d(A(t),\tilde{A}(t))$ 为向量 $A(t)-\tilde{A}(t)$ 的欧几里得范数。在时刻 t 的聚合位置的可用性（或失真约束）定义为 $D(A(t),\tilde{A}(t)) \leqslant D_t, t=1,\cdots,T$，因此有 $D \leqslant \sum_{t=1}^{T} D_t$。

定义 4-23 真实聚合位置与扰动聚合位置的隐私-可用性函数。给定真实的聚合位置矩阵 A 和扰动后的聚合位置矩阵 $\tilde{A}$，当一个 ALPPM 是公式（4-60）优化问题的解时，这个 ALPPM 在给定的失真约束 $D \leqslant \sum_{t=1}^{T} D_t$ 的条件下就达到了聚合位置隐私的最小泄露。

$$\mathcal{L}_{\mathrm{agg}}^{*}(D) = \min_{q(\tilde{A}|A):\{D(A(t),\tilde{A}(t))\leqslant D_t\}_{t=1}^{T}} I(A;\tilde{A}) \qquad (4\text{-}60)$$

其中，$I(A;\tilde{A})$ 是聚合位置隐私的度量标准。

此外，发布扰动后的聚合位置数据对于个人位置信息也存在隐私泄露。

定义 4-24 个人位置隐私与扰动聚合位置的隐私-可用性函数。给定用户 m 的位置文件 A_m，以及可信位置数据聚合服务提供商生成的要对外发布的扰动聚合位置数据 $\tilde{A}$，当一个 ALPPM 是公式（4-61）优化问题的解时，这个 $\mathrm{ALPPM}_{\mathrm{user}}^{*}$ 在给定的失真约束 $D \leqslant \sum_{t=1}^{T} D_t$ 的条件下就达到了扰动后的聚合位置数据对个人位置隐私的最小泄露。

$$\mathrm{ALPPM}_{\mathrm{user}}^{*} = \arg \min_{q(\tilde{A}|A):\{D(A(t),\tilde{A}(t))\leqslant D_t\}_{t=1}^{T}} \max_{1\leqslant m\leqslant M} I(A_m;\tilde{A}) \qquad (4\text{-}61)$$

其中，$I(A_m;\tilde{A})$ 是 A_m 和 $\tilde{A}$ 之间的互信息。

2. 基于隐私-可用性函数的轨迹隐私保护机制效果评估

（1）轨迹隐私-可用性函数上限和下限

一般而言，某一时刻的位置会与时间上更接近它的那些位置关联。基于这个观点，在位置发布机制上做马尔可夫简化，即在时刻 i 要发布的扰动位置 U_i 仅依赖于当前和上一时刻的真实位置 L_i 和 L_{i-1}，以及上一时刻的发布位置 U_{i-1}。当然，本节提出的系统模型可用于更复杂的发布机制，但是考虑到复杂度问题，当前只考虑基于马尔可夫限制的发布机制。

定理 4-2 在线场景下基于马尔可夫发布限制的隐私-可用性函数的上限和下限。在位置发布机制上做了马尔可夫限制后，在线场景下最优的隐私-可用性函数 $\mathcal{L}_{\text{online}}^*(D)$ 的上限和下限为

$$\mathcal{L}_{\text{lower}}^{\text{Markov}}(D) \leqslant \mathcal{L}_{\text{online}}^*(D) \leqslant \mathcal{L}_{\text{upper}}^{\text{Markov}}(D) \tag{4-62}$$

其中，

$$\mathcal{L}_{\text{upper}}^{\text{Markov}}(D) = \sum_{i=1}^{T} \min_{q(u_i|l_i,u_{i-1},l_{i-1}):D(L_i,U_i)\leqslant D_i} I(L_i,L_{i-1};U_i \mid U_{i-1})$$

$$\mathcal{L}_{\text{lower}}^{\text{Markov}}(D) = \sum_{i=1}^{T} \min_{q(u_i|l_i,u_{i-1},l_{i-1}):D(L_i,U_i)\leqslant D_i} I(L_i;U_i \mid U_{i-1},L_{i-1})$$

在隐私计算的算法设计环节，可以利用上限 $\mathcal{L}_{\text{upper}}^{\text{Markov}}(D)$ 而不是下限 $\mathcal{L}_{\text{lower}}^{\text{Markov}}(D)$ 来生成 LPPM。这是因为在设计隐私保护机制时通常更关心至多会泄露多少隐私。

推论 4-1 通过 $\mathcal{L}_{\text{online}}^{\text{Actual}}(\text{LPPM})$ 来度量 LPPM^* 得到的真实信息泄露的大小介于 $\mathcal{L}_{\text{lower}}^{\text{Markov}}(D)$ 和 $\mathcal{L}_{\text{upper}}^{\text{Markov}}(D)$ 之间，即

$$\mathcal{L}_{\text{lower}}^{\text{Markov}}(D) \leqslant \mathcal{L}_{\text{online}}^{\text{Actual}}(\text{LPPM}^*) \leqslant \mathcal{L}_{\text{upper}}^{\text{Markov}}(D) \tag{4-63}$$

推论 4-1 确保了发布轨迹时的隐私泄露被限制在一定范围内，即从时刻 1 到时刻 T 顺序地使用 LPPM^* 来发布轨迹时所带来的隐私泄露介于 $\mathcal{L}_{\text{lower}}^{\text{Markov}}(D)$ 和 $\mathcal{L}_{\text{upper}}^{\text{Markov}}(D)$ 之间。因此，即使直接度量出轨迹的确切隐私泄露值在计算方面

几乎是不可能的，仍然可以通过将实际的隐私泄露值限制在 $\mathcal{L}_{\text{lower}}^{\text{Markov}}(D)$ 和 $\mathcal{L}_{\text{upper}}^{\text{Markov}}(D)$ 之间来确保能够知道隐私泄露的近似值。

（2）聚合位置数据隐私–可用性函数的上限和下限

定理 4-3 当在聚合位置数据中不存在时间关联时，个人与聚合位置隐私-可用性函数的大小关系为

$$\mathcal{L}_{\text{user}}^*(D) \leqslant \mathcal{L}_{\text{user}}(D, \text{ALPPM}_{\text{agg}}^*) \leqslant \mathcal{L}_{\text{agg}}^*(D) \leqslant \mathcal{L}_{\text{agg}}^{\text{upper}}(D) \tag{4-64}$$

其中，

$$\mathcal{L}_{\text{user}}(D, \text{ALPPM}_{\text{agg}}^*) = \max_{1 \leqslant m \leqslant M} I(A_m; \tilde{A})\big|_{q(\tilde{A}|A) = \text{ALPPM}_{\text{agg}}^*}$$

$$\mathcal{L}_{\text{agg}}^{\text{upper}}(D) = \sum_{i=1}^{T} \min_{q(A(t)|\tilde{A}(t)):D(A(t),\tilde{A}(t)) \leqslant D_t} I(A(t); \tilde{A}(t))$$

由定理 4-3 可以看出，即使计算出扰动聚合位置对于个人位置的隐私泄露具有高复杂度，仍然可以通过计算其上限 $\mathcal{L}_{\text{agg}}^{\text{upper}}(D)$ 来保证对个人隐私的泄露不高于 $\mathcal{L}_{\text{agg}}^{\text{upper}}(D)$。

3. 轨迹隐私保护方案设计

（1）轨迹的隐私保护在线发布算法

基于 4.1.2 节的算法设计准则，利用 Blahut-Arimoto 算法，根据拉格朗日乘子法可以设计并实现在时刻 i 基于 $\mathcal{L}_{\text{upper}}^{\text{Markov}}(D)$ 生成 LPPM_i^* 的算法，即轨迹的隐私保护在线发布机制，如算法 4-2 所示。

算法 4-2 在时刻 i 基于 $\mathcal{L}_{\text{upper}}^{\text{Markov}}(D)$ 生成 LPPM_i^* 的算法

输入 拉格朗日乘子 λ，时刻 $i-1$ 时获得的 $u_{i-1}, l_{i-1}, u_{i-2}, l_{i-2}$ 的联合概率分布 $p(u_{i-1}, l_{i-1}, u_{i-2}, l_{i-2})$，时刻 $i-1$ 时发布的扰动位置 u_{i-1} 的边际分布 $p(u_{i-1})$，失真矩阵 $d(l_i, u_i)$，算法结果收敛设置的阈值 δ

输出 时刻 i 的 $\text{LPPM}_i^* \left(q(u_i | l_i, u_{i-1}, l_{i-1}) \right)$，时刻 i 的最小隐私泄露 I_i^*，对应于 I_i^* 的失真 D_i，时刻 i 时发布的扰动位置 u_i 的边际分布 $p(u_i)$，$(u_i, l_i, u_{i-1}, l_{i-1})$ 的联合概率分布 $q(u_i, l_i, u_{i-1}, l_{i-1})$

1）初始化 $r_0(u_i | u_{i-1})$ 为均匀分布

2）用 $r_0(u_i | u_{i-1})$ 和公式（4-6）计算出 $q_0(u_i | l_i, u_{i-1}, l_{i-1})$

3）用公式（4-10）计算出 $p(l_i, u_{i-1}, l_{i-1})$

4）用 $r_0(u_i | u_{i-1})$、$q_0(u_i | l_i, u_{i-1}, l_{i-1})$、$p(l_i, u_{i-1}, l_{i-1})$ 和公式（4-11）计算出
$$I_i^0 = I(L_i, L_{i-1}; U_i | U_{i-1})$$

5）用 $q_0(u_i | l_i, u_{i-1}, l_{i-1})$、$p(l_i, u_{i-1}, l_{i-1})$、$p(u_{i-1})$ 和公式（4-7）计算出 $r(u_i | u_{i-1})$

6）while true do

7）　　用 $r(u_i | u_{i-1})$ 和公式（4-6）计算出 $q(u_i | l_i, u_{i-1}, l_{i-1})$

8）　　用 $r(u_i | u_{i-1})$、$q(u_i | l_i, u_{i-1}, l_{i-1})$、$p(l_i, u_{i-1}, l_{i-1})$ 和公式（4-11）计算出 $I_i = I(L_i, L_{i-1}; U_i | U_{i-1})$

9）　　if $(I_i^0 - I_i \leqslant \delta)$ then

10）　　　$I_i^* \leftarrow I_i$

11）　　　计算出 $p(u_i, l_i, u_{i-1}, l_{i-1}) = q(u_i | l_i, u_{i-1}, l_{i-1}) p(l_i, u_{i-1}, l_{i-1})$

12）　　　计算出 $D_i = \sum\limits_{u_i, l_i, u_{i-1}, l_{i-1}} p(u_i, l_i, u_{i-1}, l_{i-1}) d(l_i, u_i)$

13）　　　计算出 $p(u_i) \sum\limits_{l_i, u_{i-1}, l_{i-1}} p(u_i, l_i, u_{i-1}, l_{i-1})$

14）return $q(u_i | l_i, u_{i-1}, l_{i-1})$，$I_i^*$，$D_i$，$p(u_i, l_i, u_{i-1}, l_{i-1})$ 和 $p(u_i)$

15）　　else

16）　　　$I_i^0 \leftarrow I_i$

17）　　　用 $q(u_i | l_i, u_{i-1}, l_{i-1})$、$p(l_i, u_{i-1}, l_{i-1})$、$p(u_{i-1})$ 和公式（4-7）计算出 $r(u_i | u_{i-1})$

18）　　end if

19）end while

（2）聚合位置数据的隐私保护发布算法

同理，基于 4.1.2 节的算法设计准则，利用 Blahut-Arimoto 算法可以设计并实现基于上限 $\mathcal{L}_{agg}^{upper}(D)$ 生成 ALPPM 的算法，如算法 4-3 所示。

实验结果表明，本节的 LPPM（即 LPPM*）的实际隐私泄露在 4 种马尔可

夫类型下均低于相同可用性度量下差分隐私机制 LPPM 的隐私泄露。尤其是当轨迹中位置的时间关联程度越高时，这种优势就越明显。这是因为本节的 LPPM 已经将时间关联考虑在内。此外，还可以看出，LPPM^* 的实际隐私泄露与上限 $\mathcal{L}_{\text{upper}}^{\text{Markov}}(D)$ 其实是非常接近的，因此，基于 $\mathcal{L}_{\text{upper}}^{\text{Markov}}(D)$ 生成的 LPPM 可能足以将轨迹中位置的时间关联考虑在内。

算法 4-3　基于上限 $\mathcal{L}_{\text{agg}}^{\text{upper}}(D)$ 生成 ALPPM 的算法

输入　$a(t)$ 的概率分布 $p(a(t))$，拉格朗日乘子 λ，失真矩阵 $\boldsymbol{D}(a(t),\tilde{a}(t))$，算法收敛所设的阈值 δ

输出　时刻 t 的 $\text{ALPPM}\big(q(\tilde{a}(t)\,|\,a(t))\big)$，时刻 t 的最小信息泄露 I_t^*，对应于 I_t^* 的失真 D_t

1）将 $r_0(\tilde{a}(t))$ 初始化为均匀分布

2）用 $r_0(\tilde{a}(t))$ 和公式 $q(\tilde{a}(t)\,|\,a(t))=\dfrac{r_0(\tilde{a}(t))\mathrm{e}^{-\lambda d(a(t),\tilde{a}(t))}}{\sum\limits_{\tilde{a}(t)}r_0(\tilde{a}(t))\mathrm{e}^{-\lambda d(a(t),\tilde{a}(t))}}$ 计算出 $q_0(\tilde{a}(t)\,|\,a(t))$

3）用 $r_0(\tilde{a}(t))$、$q(\tilde{a}(t)\,|\,a(t))$、$p(a(t))$ 和公式 $I(a(t);\tilde{a}(t))=\sum\limits_{a(t),\tilde{a}(t)}p(a(t))\cdot q(\tilde{a}(t)\,|\,a(t))\,\log\dfrac{q(\tilde{a}(t)\,|\,a(t))}{r_0(\tilde{a}(t))}$ 计算出 I_t^0

4）用 $q_0(\tilde{a}(t)\,|\,a(t))$ 和公式 $r(\tilde{a}(t))=\sum\limits_{a(t)}p(a(t))q_0(\tilde{a}(t)\,|\,a(t))$ 计算出 $r(\tilde{a}(t))$

5）while true do

6）　　用 $r(\tilde{a}(t))$ 和公式 $q(\tilde{a}(t)\,|\,a(t))=\dfrac{r(\tilde{a}(t))\mathrm{e}^{-\lambda d(a(t),\tilde{a}(t))}}{\sum\limits_{\tilde{a}(t)}r(\tilde{a}(t))\mathrm{e}^{-\lambda d(a(t),\tilde{a}(t))}}$ 计算出 $q(\tilde{a}(t)\,|\,a(t))$

7）　　用 $r(\tilde{a}(t))$、$q(\tilde{a}(t)\,|\,a(t))$、$p(a(t))$ 和公式

$$I(a(t);\tilde{a}(t))=\sum_{a(t),\tilde{a}(t)}p(a(t))\,q(\tilde{a}(t)\,|\,a(t))\log\frac{q(\tilde{a}(t)\,|\,a(t))}{r(\tilde{a}(t))}$$ 计算出 I_t

8）　　if $(I_t^0-I_t\leqslant\delta)$ then

9）　　　$I_t^*\leftarrow I_t$

10）　　计算出 $D_t=\sum\limits_{a(t),\tilde{a}(t)}p(a(t),\tilde{a}(t))q(\tilde{a}(t)\,|\,a(t))d(a(t),\tilde{a}(t))$ return $q(\tilde{a}(t)\,|$

$$a(t))，\ I_t^*，\ D_t$$

11） else

12）　　　$I_t^0 \leftarrow I_t$

13）　　　用 $q(\tilde{a}(t)\,|\,a(t))$ 和公式 $r(\tilde{a}(t)) = \sum\limits_{a(t)} p(a(t))q(\tilde{a}(t)\,|\,a(t))$ 计算出 $r(\tilde{a}(t))$

14）　　end if

15）end while

4.3　隐私延伸控制

作为隐私计算的重要内容之一，隐私延伸控制深度影响着当前和未来泛在互联环境下的隐私保护。本节借助图片共享中的隐私信息传播控制、跨系统交换的图片隐私延伸控制这两种典型场景，对隐私延伸控制的相关关键技术予以分析讨论。

4.3.1　图片共享中的隐私信息传播控制

4.3.1.1　隐私感知的照片共享用户的印象管理

在线社交网络（Online Social Network，OSN）和移动设备的快速发展加速了在线照片分享平台（Photo-Sharing Platform，PSP）的普及。借助智能手机的拍摄功能，用户可以随时随地拍摄照片，并将照片通过微信、Facebook 或者 Flickr 等在线 PSP 与朋友分享。用户也可以随时查看朋友或陌生人发布的照片，并对其发表评论。

但是，分享的照片可能包含大量的敏感信息，攻击者可以利用敏感信息推断用户的隐私。一般来说，一张分享的照片通常包含 3 种信息：内容信息（可以用来推断"谁/Who""什么/What"等）、属性信息（比如"何时/When""何处/Where"等元数据）和关系信息（暗示用户之间的关系，特别是在合影中的人际关系）。例如，考虑一个典型的场景，场景中 Alice 爱上了 Bob。Alice 很兴奋，并且希望除了她父母之外的每个人都了解她的感受。但是，考虑到照片内容信息的不可分割性以及关联信息的隐蔽性，当 Alice 与她的朋友或他人分享照片时，可能会暴露出不愿意透露的信息。从该角度考虑，Alice 在发布与 Bob（甚至包括其他人）的合影到 PSP 上之前应该仔细考虑分享范围。否则，有关 Alice 的内容、属性和关系信息可能会泄露给不想透露的用户。在心理学中，人们改善或维持他人印象的行为被称为"印象管理"。在该场景中，Alice 正在通过故意不向她父母透露她与 Bob 的关系的方式进行印象管理。印象管理是指避免不必要的巨大印象变化，因此它应避免受到图片分享中隐私泄露事件的影响。

人们在日常生活中都希望展现积极的印象、避免消极的印象，因此图片分享中的印象管理已变得越来越重要。然而，大多数现有的隐私保护工作都存在两个问题：一是为了建立一个合适的主观印象，用户必须由自己决定是否将图片分享给其他用户；二是用户在分享合影图片时，隐含在合影中的社交关系信息也存在泄露风险，例如通过图片中共现的次数、人脸的相对位置等信息可以推断用户的情侣关系等。

本书作者提出了一种基于人际距离学的图片隐私感知和传播控制策略推荐方法 SRIM（Social Relation Impression-Management）[23]，用以维持并提升用户在图片分享中的关系印象。该方法属于隐私计算框架中的隐私感知环节，利用关系印象评估算法评估欲展示图片中的社交关系，并根据历史信息将图片接收者划分为推荐和不推荐展示两个类别。该方法不仅可以防止用户社交关系隐私信息的泄露，还可以自动推荐合适的图片分享策略。此外，基于图片元数据和人脸检测结果，本书作者还设计了一种轻量级的人脸距离测量算法，为 SRIM 方法提供高效准确的人脸距离，并将测量出的距离转换为社交关系类别。

1. 感知和策略推荐框架

基于用户历史的分享行为，SRIM 可以为用户提供推荐和警告。例如，该

方法可以推荐一个适当的接收者范围，或者预警不恰当的分享行为。如图 4-16
所示，当一张新合影被上传时，SRIM 首先检测并识别合影中的人脸信息。人
际距离学的阈值被用来区分用户之间的社交关系。如果一个分类结果从未出现
在用户的历史分享记录中，SRIM 将提前过滤出该类用户，并向用户提出预警。
对于存在分享记录的用户，该方法通过评估算法分析该用户的已有关系印象，
并将接收者分为推荐分享和不推荐分享两类。在分享决定完成后，新图片中的
人际关系将被更新到历史记录中。

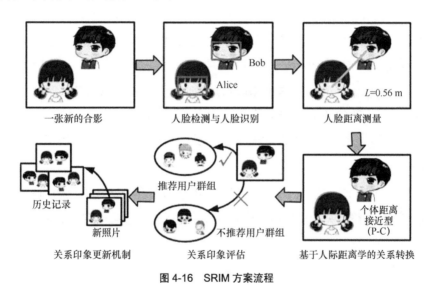

图 4-16　SRIM 方案流程

首先介绍真实生活中关于印象形成的两个现象。第一个现象是印象的形成
往往不是仅通过一个用户提供的信息，与此相反，该方法中的评估算法不仅考
虑图片所有者分享的图片，还考虑利益相关者（例如，合影中图片所有者以外
的用户）分享的图片。第二个现象是印象是随着时间的积累不断加深的，而不
是仅仅少量图片就可以形成的。直观地说，合影中的关系印象越是充分和稳定，
接收者就越容易发现出该类印象的改变。

抽象来说，SRIM 模型包含了 3 种角色：所有者（印象的传达者）、利
益相关者（出现在图片中的用户）和接收者（印象的接收者），分别定义为

h、s 和 r。由于心理学中印象的定义较抽象，且在不同情形下存在不同的含义，难以通过数学方式进行统一的形式化定义。研究者通常在某一维度上或确定场景下对其进行定义，本节根据用户的不同角色给出了以下 3 种人际关系印象的定义。

定义 4-25 所有者展示的印象。$f_h = (1, 2, \cdots, m)$ 表示用户 h 在分享图片中的朋友集合。图片分享平台中的接收者对用户 h 的朋友关系有一个印象集，可以描述为 $I_h = (i_{h,1}, i_{h,2}, \cdots, i_{h,m})$，该印象集可以通过历史的分享记录获得。为量化人际关系，可利用历史记录中的人脸距离来初始化用户的关系印象，初始化的印象集合可描述为 $I_h^{\text{init}} = (D_{h,1}, D_{h,2}, \cdots, D_{h,m})$。参数 $D_{h,1} = (P_{\text{relation}_j} \mid j \in (1, 2, \cdots, 8))$ 表示历史记录中的人脸距离分布，其中 P_{relation_j} 表示人际距离学中的 8 种关系类型的概率。所有的人脸距离被分类为 8 种人际关系，其中每个人际关系的概率可以通过 $P_{\text{relation}_j} = m_j / n$ 计算获得，$j = 1, 2, \cdots, 8$。参数 m_j 代表人际关系 j 的图片数量，参数 n 代表历史记录中所有图片的数量。

然而，图片所有者并不是唯一提供影响接收者印象形成信息的用户，如果其他图片中利益相关者和接收者也是朋友关系，他们也可能向接收者展示与图片所有者的合影。

定义 4-26 接收者的印象。接收者真实的印象可以描述为

$$I_h' = (i_{h,1}', i_{h,2}', \cdots, i_{h,m}') = (D_{h,1}', D_{h,2}', \cdots, D_{h,m}') \qquad (4\text{-}65)$$

因为图片所有者无法知道利益相关者分享给接收者的信息，所有图片所有者仅能根据其可以访问的信息范围来推测利益相关者分享的信息，从而在有限信息下优化自己的策略设置。

定义 4-27 图片所有者推测的印象。图片所有者可以推测接收者的关系印象，该印象集可以定义为 $I_h'' = (i_{h,1}'', i_{h,2}'', \cdots, i_{h,m}'') = (D_{h,1}'', D_{h,2}'', \cdots, D_{h,m}'')$。

2. SRIM 方案设计

为了评估图片所有者向接收者传达的关系印象变化，给出关系印象评估算

法的步骤。当一张新的图片被上传后，SRIM 算法将提取该图片可能影响的所有接收者。图片所有者 h 和利益相关者 s 之间的人脸距离描述为 $L_{h,s}$，当接收者 r 从图片所有者 h 收到一张新图片 $\mu = \{h, r, \langle h, s, L_{h,s} \rangle\}$，图片所有者 h 可以评估其推测接收者的新印象 $i''_{h,s}$，该印象可以通过公式（4-66）计算

$$i''^{\mu}_{h,s} = t'_{h,s} D''^{new}_{h,s} + \left(1 - t'_{h,s}\right) i''^{exist}_{h,s} \tag{4-66}$$

其中，$i''^{exist}_{h,s}$ 表示现有的印象，$D''^{new}_{h,s}$ 表示新的分享图片集（加入一张新图片，并删除最久的一张）的关系分布，$t'_{h,s}$ 表示图片所有者 h 和接收者 r 之间的信任系数。

明显地，接收者的印象集 I' 越接近图片所有者展示的印象集 I，接收者 r 对图片所有者 h 展示印象集的信任度越高。然而，图片所有者 h 无法获得接收者的印象集 I'，所以其只能利用自己推测的印象集 I'' 来计算近似的 $t'_{h,s}$。因此，$t'_{h,s}$ 可以通过 Hellinger 距离计算，具体计算方法为

$$t'_{h,s} = 1 - \frac{1}{2}\sqrt{\sum_{j=1}^{8}\left[\sqrt{i''_{h,s}\left(P_{\text{relation}_j}\right)} - \sqrt{i_{h,s}\left(P_{\text{relation}_j}\right)}\right]^2} \tag{4-67}$$

为了简化模型的复杂性，SRIM 算法在公式（4-46）中没有考虑图片分享平台的转发功能。当评估算法完成，新旧两个印象集的区别 change 可以通过公式（4-68）计算

$$\text{change} = 1 - \frac{1}{2}\sqrt{\sum_{j=1}^{8}\left[\sqrt{i''^{\mu}_{h,s}\left(P_{\text{relation}_j}\right)} - \sqrt{i''^{exist}_{h,s}\left(P_{\text{relation}_j}\right)}\right]^2} \tag{4-68}$$

以下通过使用一个阈值 threshold 来调整推荐用户的范围，对于敏感的接收者可以选择一个较低的阈值，而针对普通的接收者则可以选择较高的阈值。

$$\text{Result}_{h,s} = \begin{cases} \text{Recommend,change<threshold} \\ \text{Non-recommend,其他} \end{cases}$$

通常情况下，图片中的参与者数量会影响该图片关系印象的表达。当合影

中出现的参与者越多，接收者感受到的印象强度就越弱。例如，假设有两张不同的合影 A 和 B，合影 A 中只有两个参与者而合影 B 中有 20 个参与者，即使其中有一对用户之间的人脸距离是一样的，两个参与者的合影 A 比 20 个参与者的合影 B 也更容易给接收者留下深刻的印象。

假设接收者对每张合影投入大致相同的注意力，则多关系图片（至少包含 3 位参与者）中的一个人际关系仅能获得接收者的部分注意力。每个关系获得注意力的比例占完整图片的 $2/[n_u(n_u-1)]$，其中，n_u 表示合影中用户的数量。

但是，接收者实际上并不会向合影中的每个关系分配相同的注意力，图片中离镜头更近的用户容易获得更多的关注。如图 4-17 所示，可以利用每个用户与相机的距离，为每对用户之间关系印象的强度加上权重。因此，用户 a 与用户 b 的关系印象权重可以表示为

$$\text{Weight}_{a,b} = \frac{2}{p} - \frac{d_a + d_b}{2\sum_{j=1}^{p} d_j} \tag{4-69}$$

其中，p 代表图片中的人际关系个数。

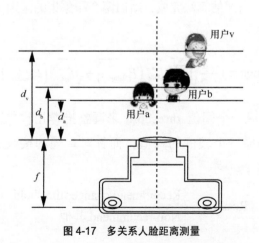

图 4-17　多关系人脸距离测量

多关系图片中每个人际关系类型的概率可以描述为

$$P_{\text{relation}_j} = \frac{\sum\limits_{k=1}^{m_j} \text{relation}_{j,k}\text{weight}_k}{\sum\limits_{t=1}^{n} \text{relation}_t\text{weight}_t}, j = 1, 2, \cdots, 8 \tag{4-70}$$

其中，m_j 表示指定人际关系 relation_j 的数量，n 表示记录中所有人际关系数量。

图片中参与用户的数量越大，计算的复杂度越高，图片中的人际关系数量也呈 $n_u!$ 量级增长。幸运的是，人们也只能记忆有限数量的事物。例如，聚会和毕业典礼上的图片，接收者仅能记住某人是不是该集体的成员。因此，SRIM 算法为图片中的用户设计了一个阈值，如果图片中出现了 7 个或 7 个以上的用户，则将该图片视为一个大合影，并执行默认策略（忽略该合影对用户人际关系印象的影响）。

SRIM 使用了一种轻量级的计算算法来测量合影中的人脸距离，利用相机成像原理和人际距离学阈值来识别用户间的人际关系类别，充分利用了相机在拍摄时的元数据信息，并实现了较高的准确率和较低的计算消耗。

为计算合影中用户彼此间的人脸距离，该算法利用人脸检测技术，并提取了图片的 EXIF 元数据中 35 mm 等效焦距信息。现代的数字相机大多已将相机的实际焦距转换为 35 mm 等效焦距，即使用 35 mm 胶片代替实际使用的感光元件 CCD（Charge-Coupled Device）时的焦距值。因此，可以较容易地将实际图片中两点距离转换为 35 mm 胶片（36 mm 长，24 mm 宽）上的比例。当新用户在社交网络中新建一个账号时，他们需要上传几张他们脸部区域的图片作为样本。由于 SRIM 方法是基于人脸宽度作为计算人脸距离的基准，系统鼓励用户提供他们的人脸宽度。如果用户不愿意提供人脸宽度，将使用一个默认值（15 cm）。

图 4-18 是一个简化的相机成像系统，其中参数 w_1 和 w_2 是用户 1 和用户 2 脸部的实际宽度，参数 l_1 和 l_4 是用户 1 和用户 2 脸部区域在图片中的宽度。参数 l_2 是用户 1 与用户 2 在相片中距离，参数 l_3 表示离镜头较远的用户 2 与相机镜头轴线之间的距离。参数 f 是相机的焦距。根据以上信息，可以计算得到用

户 1 与用户 2 到相机的距离，分别是 $d_1 = fw_1/l_1$ 和 $d_2 = fw_2/l_4$。因此两个用户脸部区域之间的距离 L 可以表示为

$$L = \sqrt{\left(d_2 - d_1\right)^2 + \left(h_1 + h_2 + h_3 + h_4\right)^2} \qquad （4\text{-}71）$$

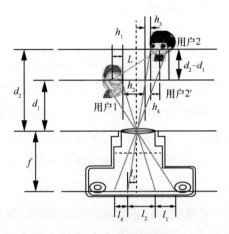

图 4-18　人脸距离测量算法

其中，h_2 是用户 1 和用户 2' 脸部区域之间的距离，用户 2' 是用户 2 在拍摄距离 d_1 平面上的投影，因此该人脸距离可以表示为 $h_2 = l_2 d_1 / f$。拍摄投影与用户 2 的垂直位置坐标之间的距离 h_3 可以表示为 $h_3 = l_3 \left(d_2 - d_1\right)/f$。此外，$h_1$ 和 h_4 分别是用户 1 和用户 2 人脸宽度的一半，可以分别描述为 $h_1 = w_1/2$ 和 $h_4 = w_2/2$。因此，公式（4-71）可以表示为

$$L = \sqrt{\left(\frac{w_1}{l_1} - \frac{w_2}{l_4}\right)^2 f^2 + \left[\frac{w_1 + w_2}{2} + \frac{\left(l_2 - l_3\right)w_1}{l_1} + \frac{l_3 w_2}{l_4}\right]^2} \qquad （4\text{-}72）$$

　　该方案设计了一个轻量级的人脸距离度量，它通过依赖照片元数据和人脸检测结果来计算用户在照片中人脸之间的距离。然后使用 proxemics 将这些距离转换为关系。此外，本书作者提出了一个关系印象评估算法来评估和管理关系印象。实验结果验证了该方案的有效性。

4.3.1.2　单一信息系统中的隐私照片共享

人们日常分享的图片中经常会涉及一些朋友和路人的信息，由于隐私原因他们并不希望自己被展示给未经授权的接收者。现有的图片隐私保护方案大多存在以下问题：一是图片分享中的访问控制方案大多要求图片参与者对每张图片设置策略，导致用户设置策略的时间成本极高，一些隐私敏感的用户甚至选择不公开所有的图片；二是图片隐私策略推荐方案大多基于半自动的标签传播算法或图片分类算法，这类方案严重依赖训练的样本库，在训练样本过少或增加新的隐私类别时，准确率不高；三是大多数方法没有针对图片中的路人进行特殊的处理。

本书作者提出了一种针对图片的用户隐私保护策略生成方法 HideMe[24]，可支撑图片分享的延伸控制。用户可以利用丰富的内容要素构建客观场景，再通过一个基于图片场景信息的访问控制模型保护用户的隐私。

误拍路人作为一种特殊的合影参与者，也会参与图片隐私策略生成中。与普通的合影参与者不同，误拍路人通常并不知道自己在何时何地被误拍。针对现有方法较少考虑图片中路人隐私信息的问题，HideMe 设计了一个基于拍摄距离的路人检测算法，从拍摄距离阈值角度筛选被误拍的路人。

人脸匹配是 HideMe 方案的核心模块之一，其目标是在图片分享平台的分享图片中识别特定用户。有效的隐私策略执行取决于如何成功地找到在分享图片中出现的正确用户。HideMe 提出了一种基于深度特征的人脸匹配方案，可以利用人脸属性缩小需要匹配的用户候选集，从而有效提高人脸匹配的效率。

1. HideMe 方案框架

如图 4-19 所示，HideMe 方法包括 3 个阶段：图片上传阶段、策略生成阶段和图片展示阶段。

（1）图片上传阶段

当图片上传者上传了一张图片，HideMe 将提取元数据中的有效信息，并依次计算上文所述的控制要素。首先，HideMe 从图片元数据中提取拍摄日期、拍摄时间、经度、纬度、35 mm 等效焦距、数码缩放比等信息。然后，检测图片中的脸部区域，提取并存储对应的像素坐标和大小。HideMe 设计了一个基于人脸属性的人脸匹配模型来满足大范围用户数据集的需求。其中，日期、时间、经度、纬度等信息可以直接用作访问控制的要素，另一些信息可以用来进一步计算 PoI 和拍摄距离等要素。

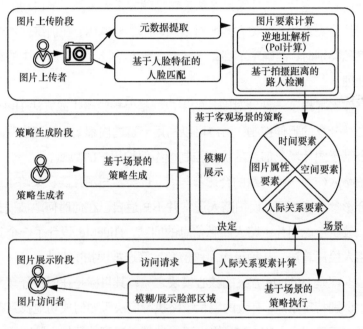

图 4-19　HideMe 方案流程

（2）策略生成阶段

合影中出现的所有用户都有权决定是否展示他的脸部区域。然而，为每一张图片都单独设置隐私策略是非常难以实现且浪费时间的。因此，HideMe 通过为每位策略生成者构建特定的场景，帮助他们减少设置策略的次数。具体而言，当一张图片上传到图片分享平台，HideMe 识别出所有图片上的用户，并匹配他们在社交网络中的用户 ID，然后匹配该图片属于用户设置的哪种场景。通过该方法，策略生成者不需要再为每一张图片设置隐私策略，或者手动将上传图片进行分组。

（3）图片展示阶段

当一个图片浏览请求发起后，HideMe 将执行图片中所有用户的隐私策略。具体而言，HideMe 先查询图片访问者与策略生成者之间的人际关系信息，如果图片访问者是第一次访问该策略生成者，则计算他们的人际关系。随后，基于图片场景信息的访问控制机制并行地处理查询相关隐私策略的授权，并基于用户的隐私策略对其脸部区域进行模糊处理。当所有用户策略匹配成功后，对图片进行合并处理，再向访问者展示，如图 4-20 所示。

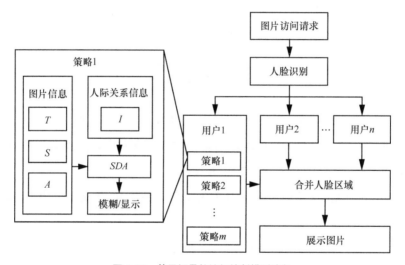

图 4-20　基于场景的访问控制模型流程

为了保证策略生成方法的高效稳定运行，HideMe 设计了路人检测和人脸属性预匹配两个辅助算法。

2. 基于拍摄距离的路人检测算法

现有工作大多认为图片中一些关于摄影参数的元数据与用户隐私关联不大，比如相机的焦距。然而，本节利用人脸长度和相机焦距计算拍摄距离，并设定阈值检测图片中的用户是不是路人，从另一种角度保护用户的隐私。该方法需要利用图片上传阶段的图片元数据和人脸像素坐标。

在摄影学中，视角（Angle of View，AOV）描述了一个镜头所拍摄场景的角度范围，经验丰富的摄影师可以利用这些信息来估计合适的摄影距离，并拍摄优秀的图片。

假设相机的镜头中心和被拍摄物体之间的距离是 r_1，镜头中心和成像平面之间的距离是 r_2，而成像平面（胶卷或图像传感器）上图像的像素尺寸是 d。照相机成像原理可以简化为小孔成像（从技术上讲，镜头上的中心可以看作小孔成像的中心）。实际上，照相机的成像系统可以简化为图 4-21(a)。为了将远处物体拍摄出清晰的图像，r_2 需要等于成像系统的焦距 f。因此，可以从选定的像素尺寸 d 和有效焦距 f 来计算视角 α

$$\alpha = \frac{180}{\pi} \cdot 2\arctan\frac{d}{2f} \tag{4-73}$$

其中，f 表示照相机的物理焦距，d 表示胶片（或传感器）的大小。众所周知，不同的数码相机通常使用不同的镜头和传感器，它们通常被转换成 35 mm 等效焦距和 35 mm 胶片（36 mm 宽，24 mm 高）。

因此，HideMe 中可以直接使用 35 mm 等效焦距和 35 mm 胶片代替实际的物理焦距和传感器尺寸。

由于整个图像和目标人脸区域的像素尺寸都是通过人脸识别检测出来的，因此可以通过数字缩放比和脸部长度来计算传感器上图像的高度（每个用户可以在个人属性中设置自己的脸长度）。如图 4-21 所示，摄影距离可以用三角函数计算

$$r_1 = \frac{\pi}{180} \cdot \frac{\text{Pix}}{2\text{pix}} lz \cdot \cot\frac{\alpha}{2} \tag{4-74}$$

其中，Pix、pix、l 和 z 分别表示整个图片的像素尺寸、目标人脸区域的像素尺寸、脸的物理长度和数字缩放比。如果图片上有多个脸部区域，可以使用不同人脸的物理长度和像素长度计算从各个用户到照相机的拍摄距离。

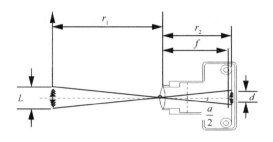

(a) 相机的成像原理

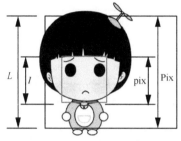

(b) 目标脸部区域长度计算

图 4-21　基于拍摄距离的路人检测方法

3. 基于人脸属性特征的人脸匹配算法

考虑到 HideMe 会被部署到拥有大量用户的在线社交网络（例如微信、Facebook）中，如何有效检测人脸，并识别特定用户是一项具有挑战性的任务，本节提出了一种基于深度特征的人脸匹配方案，可以利用人脸属性缩小需要匹配的用户候选集，从而有效提高人脸匹配的效率。

基于人脸属性的人脸匹配算法的具体流程如图 4-22 所示。给定一个分享图片，HideMe 将检测出所有的脸部区域，并将其输入人脸属性分类器。然后，每一个被检测到的脸部区域将根据人脸属性进行分类，通过查询用户在人脸数据库中的人脸属性分组，从而减少需要比较的用户数量。最终，HideMe 将对比图片上脸部区域与候选人脸部信息的特征向量，如果特征向量的区别小于一定阈值，则匹配成功。

为了过滤出合适的人脸属性候选用户分组，本节基于均衡自适应卷积神经网络（Adapted Balanced Convolutional Neural Network，ABCNN）提出了一种人脸属性分类器，并在该模型中构造了一个加权目标函数以最大限度地提高预测精度。

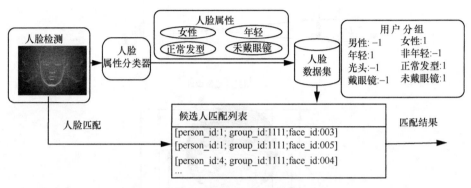

图 4-22　基于人脸属性的人脸匹配算法的具体流程

具体地，假设 $\mathbb{P}$ 是一组输入图片，N 是人脸属性的数目，$\mathbb{H}$ 是可能决策函数的假设空间，$h_i(\boldsymbol{\theta}^{\mathrm{T}}x)$ 是决策函数，$\boldsymbol{\theta}=(\theta_1,\theta_2,\cdots,\theta_N)$ 是网络权值。对于给定的图片 $x\in\mathbb{P}$，$y_i\in(-1,+1)$ 是第 i 个属性的二进制标签，$i\in(1,2,\cdots,N)$ 是人脸属性的索引。第 i 个人脸属性的损失函数可以定义为 $\mathrm{Loss}_i\big(h_i(\boldsymbol{\theta}^{\mathrm{T}}x),y_i\big)$。$\mathbb{E}(\mathrm{Loss}_i)$ 是输入范围内的预期损失。因此，优化目标即最小化各属性的预期平方误差

$$\forall i: h_i = \underset{h_i\in\mathbb{H}}{\arg\min}\,\mathbb{E}(\mathrm{Loss}_i) \tag{4-75}$$

然而，传统方法将人脸属性看作 N 个相互独立的任务，并为每个人脸属性训练独立的分类器，所以不能学习属性之间的潜在相关性。为了更好地利用这种潜在相关性，本节所提出的分类器在训练时将同时学习所有人脸属性。此外，训练集的属性标签分布应当与测试集中的标签分布相匹配。因此，有必要平衡数据集以训练一个更好的分类器。

获取平衡数据集的一种方法是完美地收集每个属性均匀分布的图像数据集，然而，这会极大增加工作量，因为实际应用中大部分数据都不是均匀分布，寻找这样的数据集具有很大的挑战性，尤其是大规模数据集。另外一种方法就

是修改损失函数来模拟平衡的数据集。本节提出的 ABCNN 对目标函数进行了一定的修改，以解决训练集和测试集之间的不平衡问题。具体而言，ABCNN 将训练数据和测试数据之间的差异作为一个适应权重，提出了一种混合的目标函数。首先，通过计算训练集中正样本 $\mathrm{Train}_i^+\left(0<\mathrm{Train}_i^+<1\right)$ 和负样本 $\mathrm{Train}_i^-\left(0<\mathrm{Train}_i^-<1\right)$ 的比例来计算第 i 个属性的训练数据分布 S_i。对于二进制测试目标的分布 Test_i^+ 和 Test_i^-，其中 $\mathrm{Test}_i^+ + \mathrm{Test}_i^- =1$，为属性 i 的每个类别分配一个适应权重

$$w\left(i\big|y_i=+1\right)=1+\frac{\mathrm{Diff}^+}{\mathrm{Test}_i^+ + \mathrm{Train}_i^+} \tag{4-76}$$

$$w\left(i\big|y_i=-1\right)=1+\frac{\mathrm{Diff}^-}{\mathrm{Test}_i^- + \mathrm{Train}_i^-} \tag{4-77}$$

其中，$\mathrm{Diff}^+ = \mathrm{Test}_i^+ - \mathrm{Train}_i^+$ 和 $\mathrm{Diff}^- = \mathrm{Test}_i^- - \mathrm{Train}_i^-$。从上述等式中可以看出，如果训练集中的正负样本比例比测试集的少，则需要增加第 i 个属性的权值。

直观来看，增加这些权值可以平衡训练数据和测试数据之间的分布差异。相应地，如果训练数据高于测试数据，就应当减少训练数据中的正或负标签的比例权值。然后将这些适应权重合并到混合目标函数中。因此，该模型优化的目标是找到最优损失函数替代传统的铰链损失函数，使其在预测标签和目标标签之间的方差最小。则有 Y 个标签的 M 个元素的训练集 X 的优化问题可以表示为

$$\forall i:\underset{h_i\in\mathbb{H}}{\arg\min}\,\mathbb{E}\left(L(X,Y)\right)=\underset{h_i\in\mathbb{H}}{\arg\min}\,\mathbb{E}\left(\sum_{j=1}^{M}\sum_{i=1}^{N}w\left(i\big|Y_{ji}(x)\right)\big\|h_i\left(X_j\right)-Y_{ji}(x)\big\|^2\right) \tag{4-78}$$

通过将深度卷积神经网络的标准损失层替换为公式（4-78），即可构建出人脸属性分类器所需的 ABCNN 模型。

HideMe 能够通过一次性策略生成，帮助用户在相关照片上隐藏自己的脸。此外，HideMe 所利用的人脸匹配算法，不仅保护了用户的隐私，而且降低了系统开销。实验结果表明了该方案的有效性。

4.3.2　跨系统交换的图片隐私延伸控制

为实现在社交网络中的朋友互动，用户的隐私图片在多信息系统、多边界之间广泛动态流转已成常态。然而，一旦用户将图片上传到社交网络平台，便失去了对上传图片的控制。与此同时，由于图片中的影像可以直观反映现实空间中的事物，一些敏感图片的泄露与传播严重损害了利益相关者的隐私权益。然而，大多数现有的隐私保护工作都存在以下问题：传统的访问控制的方法大多关注单一系统，难以应用到跨社交网络的转发场景中；基于加密的图片隐私保护方法较少考虑访问控制策略，访问者能否访问完全依赖于是否拥有密钥；由于图片本身的复杂性和展示问题，传统的策略粘贴方法并不能直接运用到图片分享中。另一方面，追踪溯源方法大多将隐私信息与溯源记录分开存储，当隐私信息离开信息系统后，无法对隐私侵权行为进行判断。

本书作者提出了一种跨系统交互的隐私图片分享框架 PrivacyJPEG[25]。从图片传播的角度出发，分别应用于延伸控制（正向）和追踪溯源（逆向）两个场景中。具体地，该方法将隐私标记和访问控制策略绑定到图片中，并利用加密算法保证图片的隐私区域在传播到其他社交网络时，仍只有拥有权限的用户才能访问。与此同时，通过在隐私标记中增加溯源记录信息，使得在隐私泄露事件发生后，取证人员可以对隐私侵权行为进行追踪溯源。

1. PrivacyJPEG 的目标

PrivacyJPEG 要达到的主要目标是保护用户图片分享过程中的隐私信息，尤其是图片被转发到其他社交网络后，依然可以遵从图片所有者、先前图片转发者的意愿进行传播和处理。具体来说，PrivacyJPEG 解决了以下 4 个问题。

（1）针对现有访问控制模型未将转发者作为一种特殊角色处理的问题，设计了一种基于传播链的访问控制模型，允许用户控制传播链上后续用户可以分配的权限，解决用户对转发后隐私图片的延伸控制策略分配问题。

（2）针对图像加密算法跨社交网络传播时密钥管理困难的问题，提出了一种双层图片加密算法，在第一层通过使用对称加密保护图片上的隐私区域，并在第二层使用公钥加密算法保护用户的访问控制策略，根据策略授予解密的权利。

（3）针对图片文件特征复杂的问题，设计了一种支持图片特征的策略嵌入格式，且绑定的策略不会影响图片公开区域在社交网络传播中的正常显示。

（4）针对图片隐私溯源记录跨社交网络流转时抗篡改和抗伪造的需求，提出一种嵌套签名算法，通过将先前用户签名的记录与自己的记录一同签名，防止恶意用户在图片流转过程中篡改溯源记录信息、伪造证据。

2. PrivacyJPEG 方案设计

（1）攻击模型

为实现跨系统交换的隐私图片分享，PrivacyJPEG 将攻击者的攻击归纳成以下 3 种方式。①攻击者 $attacker_1$ 试图通过留存、篡改、伪造访问控制策略的方式，获取没有访问权限的隐私信息；②攻击者 $attacker_2$ 是系统内部的用户，拥有部分权限，并试图利用已有权限获得更多的权限；③攻击者 $attacker_3$ 知晓策略嵌入或者溯源记录格式等背景知识，试图通过篡改、伪造访问控制策略或溯源记录，掩盖隐私侵权行为痕迹。

为保障隐私图片在跨系统流转过程中的安全性和完整性，PrivacyJPEG 基于现有的密码学技术，比如图像区域加密、公钥密码基础设施（Public Key Infrastructure，PKI）体系，通过对各个实体间所传输的图片隐私区域和访问控制策略进行加密操作，以保证隐私图片在传输过程中的安全，避免窃听、截取等被动攻击的发生。因此仅对常见的几种加密算法进行安全性对比，不再对上述安全问题进行详细的安全性证明。

（2）隐私保护目标

基于以上攻击模型，隐私保护的目标为：①当隐私图片在不同社交网络流转时，系统内外用户均不能获取未授权的隐私信息；②系统内用户除了被分配的权限以外，无法绕过权限分配者获取更多的操作权限；③隐私侵权行为可以溯源追踪，攻击者无法通过篡改、伪造溯源记录遮掩隐私侵权行为。

图 4-23 描述了跨系统交换图片分享的系统模型，在该模型中所有的用户被分为 3 种角色：①图片所有者，即第一个发布图片的用户；②图片转发者，即接收到图片并将其转发的用户；③静默接收者，即接收到图片并无传播操作的用户。

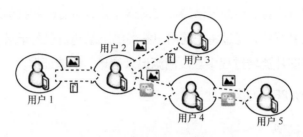

图 4-23　跨系统交换图片分享的系统模型

在图 4-23 所示的模型中，用户 1 是图片所有者，用户 2 和用户 4 是图片转发者，用户 3 和用户 5 是静默接收者。假设用户 1 将图片上传到 Facebook 中，用户 2 接收到图片后转发给 Facebook 中的用户 3；与此同时，用户 2 还将图片从 Facebook 下载后转发到微信中的用户 4。用户 4 在微信中将图片转发给用户 5。整个流程跨越了 Facebook 和微信两个社交网络，在两个社交网络内部都存在转发行为。本节将 3 种角色结合，共同组成一个链状结构，称之为"传播链"。它描述了一条图片传播的路径，例如"用户 1—2—3"是一条 Facebook 内部的传播链，"用户 1—2—4—5"是一条跨 Facebook 和微信两个社交网络的传播链。

PrivacyJPEG 框架主要针对跨系统图片转发场景，同样也适用于具有传播链的单一信息系统内部，在图片传播链上的用户都可以对后续用户的访问权限和延伸控制权限进行控制。该框架主要包括两个部分：①一个用于保护图片隐私区域和匹配访问控制策略的客户端；②一个用于管理密钥的服务器。在系统中，所有的本地客户端组件（包括操作系统、应用程序、传感器等）和密钥管理中心被认为可信。相反，传播信道和图片分享服务提供商被认为不可信。

在该系统中，用户可以通过客户端对图片隐私区域进行第一层加密，针对不同的隐私区域可以使用相同或者不同的密钥。在此基础上，用户可以对隐私区域设置访问控制策略和延伸控制策略并进行第二层加密，再通过客户端将策略绑定到图片中。当图片被上传到一个公开的社交网络时，社交网络扮演了用户间沟通"桥梁"的角色。

　　用户收到图片后，可以请求查看或者转发图片。客户端通过向服务器请求，验证用户身份，并对图片上绑定策略进行"解锁"。只有符合访问控制策略规定权限的用户，才能访问图片的隐私区域。接收用户在转发图片时可以追加新的策略，在转发图片时设置的策略必须是延伸控制策略的子集。因此，通过设置延伸控制策略，传播链上的用户可以限制后续用户的传播行为。

　　举例而言，如图 4-24 所示，用户 1 加密了图片上的两个隐私区域，并生成相应的访问控制和延伸控制策略。当图片被发布到公开的社交网络，用户 1 的策略随图片一起上传。用户 2 下载图片，并根据图片上绑定的策略，判断是否能浏览图片上的隐私区域。与此同时，用户 2 还可以根据用户 1 赋予的延伸控制权限增加新的权限，并继续设置用户 3 可以浏览隐私区域 1，用户 4 可以浏览隐私区域 2。用户 4 可以继续追加策略，禁止用户 5 浏览所有的隐私区域。

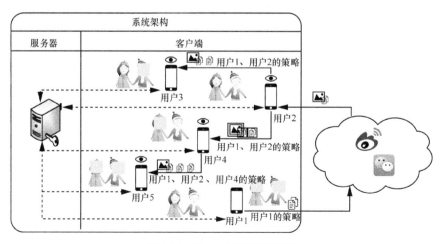

图 4-24　PrivacyJPEG 系统设计

（3）延伸控制

PrivacyJPEG 框架延伸控制主要涉及的内容包括基于传播链的访问控制模型、双层加密算法，以及访问控制策略的嵌入方法和格式。

① 基于传播链的访问控制模型。权限根据传播链依次授权，其中传播链由图片分享中的多次图片交换组成。定义图片 p 的第 i 次交换为 $E_i = (s_i \rightarrow r_i, p)$，其中 s_i 和 r_i 分别是第 i 次交换中的发送者和接收者。因此传播链可以被定义为一个有序集合 $DC = (E_1, E_2, \cdots, E_n)$。

根据传播链有序集合 DC 的连续性，下一次图片交互的发送者为前一次图片交换的接收者，因此有 $s_{i+1} = r_i$。第一个发送者 s_1 是图片所有者，最后一个接收者 r_n 是静默接收者。此外，剩下的所有用户都是图片转发者。

基于传播链的约束条件被用来明确发送者可以分配给接收者何种权限的约束。可以用一个通用格式来描述该约束

$$PrA_i = \left(E_i, Pr A_{i,1}, [Pr A_{i,2}]\right) = \left((s_i \rightarrow r_i, p), (c_1, pr_1), [(c_2, pr_2)]\right) \quad (4\text{-}79)$$

其中，$E_i = (s_i \rightarrow r_i, p)$ 表示权限是第 i 次交换 E_i 中发送者 s_i 分配给接收者 r_i 的，访问控制客体为图片 p；$PrA_{i,1}$ 定义了接收者 r_i 可以做什么，$PrA_{i,2}$ 定义了接收者 r_i 可以分配其下一个用户什么权限，方括号表示参数 $PrA_{i,2}$ 是可选的。当参数 $[PrA_{i,2}]$ 选择为空时，则表示 $PrA_{i,2}$ 等于 $PrA_{i,1}$。

此外，为保证延伸控制，传播链上后面的用户不能被分配高于先前用户的权限，即 $PrA_{i,2} \subseteq PrA_{i,1}$。在等式 $PrA_{i,x} = (c_x, pr_x)$, $x=1,2$ 中，c_x 表示一个约束条件集合，比如时间、位置、用户关系等，pr_x 表示一个权限集合，比如查阅、转发等。以图 4-24 为例，用户 2 允许用户 4 浏览图片中的隐私区域 2，但是禁止用户 4 分配用户 5 浏览图片中隐私区域 2 的权限，则该策略可以表示为 $\left((user_2 \rightarrow user_4, area_2), (user_4, view), (user_5, prohibit\ view)\right)$。

② 双层加密算法。为满足用户的隐私需求，当图片在上传到社交网络后，加密算法需要确保图片上的隐私信息不对无权限用户展示，从而保证传播链上先前用户的策略会被严格执行。本节假设框架中每个用户至少拥有一个客户端，并且密钥管理中心给每个用户分配一个公私钥对。

③ 访问控制策略的嵌入方法和格式。为保证图片在社交网络传播中的正常显示，需要保证两个方面：图像加密算法在加密隐私区域的同时不会影响公开区域的图像显示；附加的策略不能破坏图片的固有格式，应当嵌入标准图片格式的自定义区域。

第一层图像加密。采用文献[26]中的扰动算法对图片隐私区域进行加密。该算法通过修改 JPEG 文件的离散余弦变换（Discrete Cosine Transform，DCT）系数从而达到加密效果。

隐私区域选定与参数设置。该算法将图片划分成 16 像素×16 像素的最小编码单元，并生成一个遮掩矩阵 M 。M 中的非零元素代表用户选定的隐私区域序号。因此，所有用户标记的隐私区域都是由一个个小方格（最小编码单元）组成的，并且每个隐私区域不会重叠，即每个最小编码单元只能拥有一个区域序号，序号 0 代表公开区域。针对每个隐私区域 $region_n$，用户都可以分配一个密钥 key_n 和一个加密强度等级 $level_n \in (low, medium, high)$。

加密流程为将 DCT 系数量化为一个 8×8 的 DCT 矩阵，标记为 $x_i, i = 1, 2, \cdots, 64$ 。通过密钥 key_n 作为种子生成一个随机序列 $random_i$，通过将 DCT 系数矩阵 x_i 与随机序列 $random_i$ 相乘实现对图片像素的加密。针对不同加密强度的需求，算法将根据加密强度等级 $level_n$ 进行不同程度的扰动处理。当 $level_n = low$ 时，系统仅修改图像 YUV 的 3 个色彩分量（其中 Y 表示明亮度，即灰度值；U 和 V 表示色度，用于描述影像色彩及饱和度）中的 AC（Alternating Current）系数；当 $level_n = medium$ 时，修改亮度（Y）分量的 AC 和 DC（Direct Current）系数；当 $level_n = high$ 时，修改 YUV 的 3 个色彩分量的 AC 和 DC 系数。

策略嵌入与第二层加密。为保障绑定的策略不会影响图片公开区域在社交网络中的正常显示，设计了一种新的访问控制嵌入格式，通过将策略嵌入图片的交换图像文件（Exchangeable Image File，EXIF）元数据中的图像文件目录（Image File Directory，IFD）结构中，避免修改现行的文件格式，从而很好地兼容现有的图片分享平台。EXIF 元数据被广泛用于各种图片格式，比如 JPEG、RAW、TIFF（Tag

Image File Format）、RIFF（Resource Interchange File Format）等。该嵌入方法的原理可以运用在其他图片描述元数据格式，从而扩展该方法的通用性。

嵌入策略的格式包含固定和可变两个部分。固定部分包含图片隐私区域坐标、拍摄时间、拍摄地点等固定属性，可变部分可以存放数量动态变化的访问控制策略。如图 4-25 所示，由于 IFD 结构本身是一种嵌套结构，包括本级 IFD 的数据域和多条子 IFD 结构。PrivacyJPEG 将访问控制策略（以及第 5.3 节中的溯源记录）的语法作为一条子 IFD 结构，每增加一条策略（或记录时）则动态增加一条子 IFD 结构。当一个图片被转发时，嵌入的策略将随图片一起在不同的社交网络中流转。嵌入策略分配的权限应当遵从基于传播链的访问控制模型的约束。

FFE₁	APP₁标记		
SSSS	APP₁数据大小		
4578 6966 0000	Exif 头		
4949 2A00 0800 0000	TIFF 头		
XXXX....	IFD₀（主图像）	目录	
LLLL LLLL		连接到IFD₁	
XXXX....	IFD₀的数据域		
XXXX....	Eixf 子IFD	目录	
0000 0000		连接结束	
XXXX....	Exif 子IFD的数据域		
XXXX....	Interoperability IFD	目录	
0000 0000		连接结束	
XXXX....	Interoperability IFD 的数据域		
XXXX....	Makernote IFD	目录	
0000 0000		连接结束	
XXXX....	Makernote IFD 的数据域		
XXXX....	Privacy IFD	目录	
0000 0000		连接结束	
XXXX....	Privacy IFD 的数据域		
XXXX....	Track IFD	目录	
0000 0000		连接结束	
XXXX....	Track IFD 的数据域		
XXXX....	IFD₁（缩略图像）	目录	
0000 0000		连接结束	
XXXX....	IFD₁ 的数据域		
FFD8XXXX.. XXXXFFD9	缩略图像		

图 4-25　EXIF 策略嵌入

在使用对称密钥实现第一层图片隐私区域加密的基础上，PrivacyJPEG 利用公钥密码学（Public Key Infrastructure，PKI）来保护策略的机密性和完整性。在信息传播链上的用户需要通过公钥将嵌入在图片上的访问控制策略"解锁"，从而保证策略在图片流转过程中没有被其他用户篡改。

3. 图片隐私侵权行为追踪溯源

图片隐私侵权行为追踪溯源作为隐私图片延伸控制的逆向过程，也存在跨信息系统溯源的难点。相较于图片隐私信息的正向传播，追踪溯源方法对溯源记录信息防篡改和防伪造提出了更高的要求。然而，目前跨信息系统图片隐私侵权行为追踪溯源的相关研究还比较少。为实现对跨系统的图片隐私侵权行为进行溯源，PrivacyJPEG 框架中还包括一个图片隐私信息追踪溯源方法 PhotoTracker，该方法包括溯源信息记录和隐私侵权行为溯源取证两个部分。

图片隐私侵权行为追踪溯源的任务是指通过对流转中的图片隐私信息进行统一描述，当图片开始流转时，不断记录不同信息系统中不同主体对图片隐私信息执行的操作，通过对比隐私侵权行为判定标准，判断是否发生隐私侵权行为。

（1）PhotoTracker 方案设计

图 4-26 描述了图片在用户分享过程中的传播途径，整个传播路径呈树状结构，根节点是图片所有者，叶节点是静默接收者，中间节点是图片转发者。假如传播过程中隐私图片多次经过同一个用户 2，则可以将用户看作多个节点，即用户 2 第一次转发节点（节点 2）、用户 2 第二次转发节点（节点 6）。其中，树状结构的深度表示图片隐私信息在该传播途径上的转发次数。因此，从任何节点出发向根节点溯源，都可以获得一条唯一的无环溯源链（反向），例如图 4-26 中，节点"11—5—2—1"即是一条溯源链。

PhotoTracker 包括以下两个阶段。

① 溯源信息记录阶段。在图片开始流转时，由图片所有者创建溯源标识，包括隐私信息、隐私信息判定标准、溯源记录信息。在图片传播过程中，每流转到一个用户时，通过插件将用户对图片隐私信息执行的分享操作、处理操作

和行为发生环境记录在溯源信息记录中，并利用嵌套签名保障图片在传播过程中不被恶意篡改和伪造。该阶段可以合并到延伸控制机制完成。

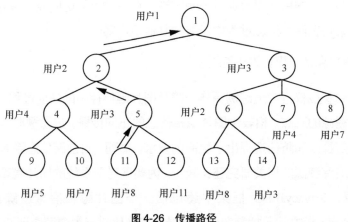

图 4-26　传播路径

②　追踪溯源阶段。当发现图片隐私泄露情况发生时，PhotoTracker 从发现情况的节点出发，向根节点方向溯源，即可获得一条图片隐私信息的溯源链。取证人员通过验签确认溯源标识的完整性，并根据溯源记录信息和隐私侵权行为标准判定是否有隐私行为发生。

（2）面向溯源的嵌套签名算法

为保证图片隐私信息在传播过程中不被恶意用户篡改和伪造，PhotoTracker 溯源方法设计了一个嵌套签名算法。通过使用该算法，图片所有者创建溯源标识，生成第一条溯源记录信息并签名；后续每一个图片转发者对先前记录验签后，将自己的操作行为记录与先前溯源记录信息及其签名合并起来进行签名；当进行隐私侵权行为判定时，取证人员需对溯源记录进行逐层验签，来确认各个节点的溯源记录是否被恶意篡改和伪造。整个过程由 PhotoTracker 自动执行，嵌套签名形式化描述及步骤如下。

①　预处理。图片所有者 owner 创建溯源标识 TraTag = ⟨Pri,Pol,Rec⟩。图片所有者生成溯源标识，包括隐私信息 Pri、隐私侵权行为判定标准 Pol、溯源记录 Rec。其中，隐私侵权行为判定标准 Pol 可与延伸控制的访问控制策略保持

一致。

溯源记录函数定义为

$$REC:S\times O\times 2^{OP}\times 2^{CON}\times Sig_{user}\rightarrow Rec$$

其中，S 表示操作主体，O 表示操作客体（记录隐私信息当前哈希值），$OP=\{op_1,op_2,\cdots\}$ 表示操作行为集合，$CON=\{con_1,con_2,\cdots\}$ 表示操作行为发生的环境集合，Sig_{user} 表示用户 user 签名值。

签名函数定义为

$$SIG:Rec\times S\times O\times 2^{OP}\times 2^{CON}\rightarrow Sig_{user}$$

则图片所有者 owner 创建的溯源记录为

$$Sig_{owner}=SIG\left(S_{owner},O_{owner},OP_{owner},CON_{owner}\right)$$

$$Rec_{owner}=REC(S_{owner},O_{owner},OP_{owner},CON_{owner},Sig_{owner})$$

② 初始转发处理。根据接收的溯源记录 Rec_{owner}，图片转发者 $forwarder_1$ 处理流程如下。

步骤 1　验证接收溯源记录信息的签名值 Sig_{owner}。如果验签通过，则进入步骤 2；如果签名值不匹配，则认为溯源记录被恶意篡改，跳转到步骤 4。

步骤 2　比较溯源记录中操作客体 O_{owner} 的哈希值 $Hash_{track}$ 与自身接收到的图片隐私信息哈希值 $Hash_{receive}$ 是否一致。如果一致，则继续处理进入步骤 3；否则图片隐私信息与溯源记录不匹配，溯源记录被恶意篡改，跳转到步骤 4。

步骤 3　记录用户自身对图片隐私信息的操作，使用由 PKI 颁发的签名私钥将接收到的溯源记录信息 Rec_{owner} 作为新溯源记录的一部分进行签名，则有

$$Sig_1=SIG\left(Rec_{owner},S_1,O_1,OP_1,CON_1\right)$$

即溯源记录 Rec_1 的签名内容包括收到之前所有溯源记录 Rec_{owner} 的全部和

Rec_1 除签名以外的部分。

步骤4 当签名验证不通过或隐私哈希值不匹配时,则警告当前用户溯源记录已被破坏,无法作为隐私侵权行为判定的证据,请勿继续转发。

③ 中间转发处理。中间图片转发者 $forwarder_i (1 < i \leqslant n)$ 执行与步骤 2 的第一个图片转发者 $forwarder_1$ 相同的处理流程。其中,每个溯源记录 Rec_i 的签名内容包括溯源记录 Rec_{i-1} 的全部和 Rec_i 除签名以外的部分,则有

$$Sig_i = SIG(Rec_{owner}, Rec_1, \cdots, Rec_{i-1}, S_i, O_i, OP_i, CON_i)$$

④ 隐私侵权取证。当发生隐私泄露时,取证人员需对发生泄露节点的溯源记录信息进行逐层验签,以确保整条信息传播链上的信息未被篡改、伪造。

(3)侵权行为判定与溯源算法

当确认整条传播链上溯源记录信息未被篡改或伪造后,取证人员需要对隐私侵权行为进行判定。具体包括如下两个步骤。

步骤1 判断当前节点溯源记录信息 Rec_i 中是否存在违反隐私侵权行为标准 Pol(或延伸控制策略)的操作行为。

步骤2 若当前节点的溯源记录 Rec_i 不存在隐私侵权行为,则对上一节点的溯源记录 Rec_{i-1} 进行判断,并重复步骤 1,直到发现隐私侵权行为。

实验表明,PhotoTracker 方案能够运用到溯源取证中,为隐私侵权行为的发现提供溯源记录信息。

4.4 本章小结

本章介绍了隐私保护算法的理论基础,讨论了如何以隐私计算视角体系化地研究隐私保护算法、如何将不同类型算法的共性部分进行抽象建模等方法,详述了基于匿名、差分、隐私-可用性函数的典型隐私保护算法,并重点分析了隐私信息传播控制、跨系统交换的延伸控制等问题,以期能够有效地保证隐私信息保护系统的软件架构的相对稳定性、隐私保护算法的动态加载,促进隐私保护算法更好、更大范围的应用。

参考文献

[1] SWEENEY L. K-anonymity: a model for protecting privacy[J]. International Journal of Uncertainty, Fuzziness and Knowledge-Based Systems, 2002, 10(5): 557-570.

[2] MACHANAVAJJHALA A, KIFER D, GEHRKE J, et al. l-diversity: privacy beyond k-anonymity[J]. ACM Transactions on Knowledge Discovery from Data, 2007, 1(1): 3.

[3] LI N H, LI T C, VENKATASUBRAMANIAN S. T-closeness: privacy beyond k-anonymity and l-diversity[C]//2007 IEEE 23rd International Conference on Data Engineering. Piscataway: IEEE Press, 2007: 106-115.

[4] DWORK C. Differential privacy[C]//International Colloquium on Automata, Languages, and Programming. Berlin: Springer, 2006: 1-12.

[5] LI X G, LI H, ZHU H, et al. The optimal upper bound of the number of queries for Laplace mechanism under differential privacy[J]. Information Sciences, 2019, 503: 219-237.

[6] AUDET C, KOKKOLARAS M. Blackbox and derivative-free optimization: theory, algorithms and applications[J]. Optimization and Engineering, 2016, 17(1): 1-2.

[7] SHANNON C E. A mathematical theory of communication[J]. The Bell System Technical Journal, 1948, 27(4): 379-423.

[8] SHANNON C E. Coding theorems for a discrete source with a fidelity criterion[J]. IRE International Convention Record, 1959, 7(3): 142-163.

[9] BLAHUT R. Computation of channel capacity and rate-distortion functions[J]. IEEE Transactions on Information Theory, 1972, 18(4): 460-473.

[10] CSISZ I, TUSNA´ DY G. Information geometry and alternating minimization procedures[J]. Statistics and Decisions, 1984: 205-237.

[11] NIU B, LI Q H, ZHU X Y, et al. Enhancing privacy through caching in location-based services[C]//2015 IEEE Conference on Computer Communications. Piscataway: IEEE Press, 2015: 1017-1025.

[12] ANDRÉS M E, BORDENABE N E, CHATZIKOKOLAKIS K, et al. Geo-indistinguishability: differential privacy for location-based systems[C]//ACM Conference on Computer and Communications Security. New York: ACM Press, 2013: 901-914.

[13] NIU B, CHEN Y H, WANG Z B, et al. Eclipse: preserving differential location privacy against long-term observation attacks[J]. IEEE Transactions on Mobile Computing.TMC, 2020, PP(99): 1.

[14] SHOKRI R, THEODORAKOPOULOS G, TRONCOSO C, et al. Protecting location privacy: optimal strategy against localization attacks[C]//ACM Conference on Computer & Communications Security. New York: ACM Press, 2012: 617-627.

[15] ALAGGAN M, GAMBS S, KERMARREC A M. Heterogeneous differential privacy[J]. arXiv Preprint, arXiv:1504.06998, 2015.

[16] JORGENSEN Z, YU T, CORMODE G. Conservative or liberal? personalized differential privacy[C]//31st IEEE International Conference on Data Engineering. Piscataway: IEEE Press, 2015: 1023-1034.

[17] NIU B, CHEN Y H, WANG B Y, et al. AdaPDP: adaptive personalized differential privacy[C]//IEEE International Conference on Computer Communications. Piscataway: IEEE Press, 2021.

[18] NIU B, CHEN Y, WANG B Y, et al. Utility-aware exponential mechanism for personalized differential privacy[C]//IEEE Wireless Communications and Networking Conference. Piscataway: IEEE Press, 2020: 1-6.

[19] NIU B, ZHANG L K, CHEN Y H, et al. A framework to preserve user privacy for machine learning as a service[C]//IEEE Global Communications Conference. Piscataway: IEEE Press, 2020: 1-6.

[20] 张文静, 刘樵, 朱辉. 基于信息论方法的多等级位置隐私度量与保护[J]. 通信学报, 2006, 27(1): 51-59.

[21] ZHANG WJ, LI M, TANDON R, et al. Online location trace privacy: an information theoretic approach[J]. IEEE Transactions on Information Forensics and Security, 2018, 14(1): 235-250.

[22] ZHANG WJ, JIANG B, LI M, et al. Aggregation-based location privacy: an information theoretic approach[J]. Computers & Security, 2020, 97(4): 101953.

[23] LI FH, SUN Z, NIU B, et al. SRIM scheme: an impression-management scheme for privacy-aware photo-sharing users[J]. Engineering, 2018, 4(1): 85-93.

[24] LI F H, SUN Z, LI A, et al. HideMe: privacy-preserving photo sharing on social networks[C]//IEEE International Conference on Computer Communications. Piscataway: IEEE Press, 2019: 154-162.

[25] 李凤华, 孙哲, 牛犇, 等. 跨社交网络的隐私图片分享框架[J]. 通信学报, 2019, 40(7): 1-13.

[26] YUAN L, KORSHUNOV P, EBRAHIMI T. Secure JPEG scrambling enabling privacy in photo sharing[C]//Proceeding of International Conference Automatic Face and Gesture Recognition. Piscataway: IEEE Press, 2015:1-6.

第 5 章

隐私计算的未来发展趋势

抽象、凝练和展望隐私计算未来发展趋势建议从 3 个方面着手：隐私计算的研究范畴、隐私计算理论和技术演化、泛在互联新技术和新业态迭代演化。本章主要从隐私计算的基础理论、隐私感知与动态度量、隐私保护算法、隐私保护效果评估、隐私侵权行为判定与溯源 5 个方面介绍隐私计算的未来发展趋势。

5.1　隐私计算的基础理论

1. 隐私计算模型与安全保障模型

针对泛在互联环境下隐私传播方式多样、场景差异、隐私主观认知动态变化、隐私定量分析难等特点和问题，从隐私感知与动态度量、隐私保护算法、隐私保护效果评估、隐私信息延伸控制、隐私侵权行为存证和溯源等环节进一步研究并完善隐私计算框架，细化各环节间的关联机制、操作控制及控制信息传递，提出全流程隐私信息的流转控制模型、脱敏与隐私控制原语；研究隐私计算中控制信息的机密性、完整性、不可否认性保障机制，提出隐私计算框架的安全保障模型。

2. 隐私计算的数学基础

针对隐私计算及其各环节对基础理论的迫切需求，可借鉴概率论与数理统计、信息论、博弈论、拓扑心理学等学科的思想，研究数据集分布特性、多维隐私属性分量的联合度量、融合用户主观因素的隐私度量、隐私信息泄露程度度量、隐私保护算法设计、脱敏效果量化评估，以及隐私脱敏效果、数据可用性、隐私保护代价、隐私泄露损失、收益博弈策略等方面的数学基础，持续探索隐私计算的基础理论。

3. 隐私信息保护系统的技术架构

针对隐私信息保护系统用户海量、需求个性差异、数据多模态且巨规模、服务高并发、隐私信息交换随机等特点和应用需求，研究业务服务与隐私计算深度融合的隐私信息保护系统技术架构、亿级在线高并发服务的计算架构、隐私信息利用的协同监管架构、隐私计算资源配置重构、隐私脱敏服务定制、多层服务的服务模型与状态管理等内容，提出典型应用场景的隐私信息保护解决方案，形成不同的隐私保护服务能力，推动隐私计算应用。

5.2 隐私感知与动态度量

1. 隐私信息的分量抽取与感知

针对泛在互联环境下隐私信息海量、多模态、隐私信息碎片化、隐私主观感知等特点，研究隐私信息的知识表示模型、隐私信息分类、场景-敏感度关联构建、基于自然语言处理/图像语义理解等的隐私分量抽取、多模态数据的隐私信息特征分析、逼近最优数据可用性的隐私信息压缩感知、隐私分量敏感性感知、隐私分量关联关系挖掘、衍生数据的隐私信息感知等内容，支撑多模态信息的高效和精准隐私感知。

2. 场景适应的隐私动态度量

针对泛在互联环境下场景差异、多模态、隐私主观感知、隐私信息动态交换重组、隐私保护偏好个性定制等特点和应用需求，研究隐私分量与场景关联模型、主客观因素关联的隐私分量量化、隐私属性分量取值范围和概率分布、场景迁移的隐私分量动态度量、用户隐私偏好的智能感知与学习等内容,解决时空差异和主体动态下隐私动态交换的精准度量问题,支撑隐私智能保护。

3. 隐私度量的量化指标

针对泛在互联环境下场景差异、多模态、隐私信息海量、隐私信息动态交换重组、抗 AI 分析等特点和应用需求,研究隐私保护场景对隐私保护要求的量化指标、不同模态隐私信息的量化指标、交换时隐私动态调整的量化指标、隐私组合约束的量化指标,以及这些量化指标的关联关系和动态权值,形成隐私度量的量化指标体系,构建隐私度量的知识图谱,支撑泛在互联环境下隐私信息交换控制与按需脱敏。

5.3 隐私保护算法

1. 隐私脱敏原语

针对泛在互联环境下场景差异、信息多模态、隐私保护需求个性差异等特点和应用需求,在隐私计算框架下,面向不同环节研究基于不同数学基础的隐私脱敏原语,包括基于概率论/信息论/博弈论等数学基础的隐私脱敏原语、面向数据采集的本地化差分隐私原语、面向数据动态发布的数据脱敏原语、面向图数据的隐私脱敏原语等,研究不同脱敏原语的等价或映射关系,支持隐私保护算法能力评估、泛在互联环境下隐私信息跨系统交换控制。

2. 隐私保护算法框架

针对泛在互联环境下隐私脱敏需求复杂多样,以及隐私信息保护系统易开发、易扩展、易运维等应用需求,研究不同类别的保护算法通用框架与设计准则、全流程差异化脱敏控制、脱敏需求理解与原语组合约束、不同脱敏原语组合冲突检测方法、场景适应的隐私保护算法选择和优化组合设计、前后台任务动态调度等内容,支撑隐私信息保护系统的柔性重构和隐私脱敏功能的动态编排,解决复杂场景下的隐私按需保护问题。

3. 隐私保护算法的保护能力量化指标

针对泛在互联环境下算法多样、算法保护能力差异等特点，研究单算法和多算法组合的保护能力评估、不同类型算法保护能力量化指标之间的等价关系、隐私信息跨系统交换时算法保护能力映射、隐私量化/隐私保护效果量化/算法保护能力量化等量化体系之间的关联关系等内容，形成算法保护能力量化指标体系，构建算法保护能力知识图谱，支撑隐私保护算法的设计与能力评估。

5.4　隐私保护效果评估

1. 效果评估指标

针对样本脱敏效果评估、评估自动化、抗大数据挖掘的效果评估等应用需求，从可逆性、延伸控制性、复杂性、偏差性、信息损失性等维度，研究不同模态数据的效果评估量化指标、单隐私保护算法效果评估量化指标、多隐私保护算法组合的效果评估量化指标、杂散数据与增量数据的效果评估量化指标，以及这些量化指标的关联关系和动态权值等内容，形成效果评估指标体系，构建效果评估的知识图谱，支撑隐私保护的效果反馈、隐私保护方案的迭代优化。

2. 效果评估自动化

针对泛在互联环境下隐私信息海量、算法及其组合多样、发布与交换实时、评估快捷等特点和应用需求，研究效果评估系统的计算模型、自动评估系统的柔性架构、不同算法的自动化评估方法、样本数据与测评样例的描述方法和自动生成技术、基于效果反馈的评估迭代机制及方法、自动化评估流程建模与代码自动生成等内容，支撑效果评估高效快捷、隐私保护算法优化选择。

3. 基于隐私挖掘的隐私保护效果评估

针对泛在互联环境下脱敏信息大尺度不可控采集、脱敏效果的局限性、脱敏后隐私信息的关联性等特点，研究大尺度脱敏信息的优化采集、多模态数据的隐私关联性、多源数据的隐私关联性、基于相关性的可用性增强、关联数据互信息推断、基于隐私保护算法演化的隐私挖掘、基于机器学习的隐私挖掘等内容，支撑隐私保护算法能力评估、隐私发布时脱敏效果评估、隐私信息保护系统能力评估。

5.5　隐私侵权行为判定与溯源

1. 侵权行为判定方法

针对隐私信息动态频繁交换、传播路径随机、隐私侵权形式多样与精准判定等特点和应用需求，研究隐私侵权行为判决规则与约束表示、延伸控制策略抗篡改/抗剥离、多源关联分析的协同判定、多模态数据融合分析的综合判定、跨层协同的全流程隐私侵权线索存证、侵权行为的场景与内容的存证、基于语义分析的侵权事件识别与判定等内容，支撑泛在互联环境下隐私侵权行为精准判定。

2. 操作、流转的审计机制

针对泛在互联环境下隐私信息海量、审计信息多源与大尺度、跨系统动态流转等特点和应用需求，研究隐私信息流转的协同监管架构、审计信息可信存证、多源审计信息协同采集、大尺度多源审计信息优化选取、内容抽样与多维证据关联分析、操作控制约束与审计信息描述等内容，支撑隐私侵权的追踪溯源、隐私信息保护系统的运维。

3. 延伸控制机制及隐私侵权的追踪溯源

针对隐私信息隐形滥用、不同系统保护能力差异、隐私侵权证据碎片化、隐私信息跨系统受控交换等特点和应用需求，研究隐私信息延伸控制的机理与描述方法、授权控制链构建、场景适应的权限动态调整、控制策略可验证执行与可信审计、隐私信息跨系统延伸授权机制、延伸使用的隐私信息删除机制、时空轨迹的溯源模型、隐私侵权时空场景构建与行为重构、基于大数据的虚拟身份分析与追踪溯源等内容，支撑泛在互联环境下隐私信息受控共享。

5.6　本章小结

　　新的研究领域需要持续深入地开展研究，应切切实实地区分数据安全和隐私保护研究范畴的差异，不应热衷于"旧酒换新瓶"。本章只是列举了隐私计算部分重点研究方向及其研究内容，研究范畴还可以合理地扩展。隐私计算不排斥传统数据安全的数学基础，也不排斥在某个局部环节采用数据安全的传统方法，比如加密、签名等，但是需要围绕隐私计算的基础理论和各个环节开展针对性的深入研究，这样才能促进隐私计算理论与技术体系的不断发展和完善，并更好地服务于泛在互联环境下的隐私保护。

后记

在艰苦的学术探索过程中，获得原始创新的科学研究成果具有一定的偶然性和必然性。偶然性指学者选择某个研究领域及其开展学术研究进程受到主客环境影响时，是否能取得成功存在一定的偶然性；必然性指学者能够取得原始创新成果必然是具有追求原始创新坚定不移的治学理念和态度，并且能够持之以恒、长期探索。本书作者2015年在组织合作伙伴撰写项目申请书时，为了凝练理论研究内容和突出原始创新研究目标，提出了隐私计算的概念及其研究范畴。隐私计算是在前瞻应用需求背景下提出的，体现了作者追求原始创新的科研态度。在本书写作过程中，作者萌生了阐述隐私计算研究历程的想法，以此激励自己更深入地持续研究，并鼓励青年学者在各个领域开展原始创新的理论研究。

1. 提出隐私计算概念及定义

2015年12月3日至6日，在北京首农香山国际会议中心讨论隐私保护相关技术时，中国科学院信息工程研究所李凤华研究员提出将隐私保护相关研究上升到理论体系，强调隐私保护是一种应用需求，而隐私计算才能代表一个理论体系。为了进一步明确隐私计算的内涵，2015年12月5日晚上7点多，在酒店大堂后边临时进行讨论时，李凤华给出了隐私计算的定义：隐私计算是面向隐私信息全生命周期保护的计算理论和方法，是隐私信息的所有权、管理权和使用权分离时隐私度量、隐私泄露代价、隐私保护与隐私分析复杂性的可计算模型与公理化系统。具体是指在处理视频、音频、图像、图形、文字、数值、泛在网络行为信息流等信息时，对所涉及的隐私信息进行描述、度量、评价和融合等操作，形成一套符号化、公式化且具有量化评价标准的隐私计算理论、算法及应用技术，支持多系统融合的隐私信息保护。隐私计算涵盖了信息搜集者、发布者和使用者在信息产生、感知、发布、传播、存储、处理、使用、销毁等全生命周期过程的所有计算操作,并包含支持海量用户、高并发、高效能隐私保护的系统设计理论与架构。隐私计算将是泛在网络空间隐私信息保护的重要理论基础。

参加讨论的主要人员还包括:西安电子科技大学李晖教授、中国科学技术大学俞能海教授、暨南大学翁健教授、中国科学院信息工程研究所牛犇副研究员、西安电子科技大学曹进副教授等。

2. 发起并组织第一届隐私计算学术研讨会

为了推动隐私计算相关研究,李凤华和李晖等积极筹备隐私计算学术研讨会,并于 2015 年 12 月 27 日至 29 日在福建省福州市旗山森林酒店举办第一届隐私计算学术研讨会,本次会议由中国科学院信息工程研究所、西安电子科技大学、国防科学技术大学、中国科学技术大学、暨南大学主办,福建师范大学、暨南大学承办,福建省计算机学会协办。会议上李凤华作题为《隐私计算研究范畴与未来》的主题报告,正式宣告了"隐私计算"定义及理论体系的诞生。图 1 为第一届隐私计算学术研讨会留影。

图 1　第一届隐私计算学术研讨会留影

3. 正式发表第一篇隐私计算的学术论文

第一届隐私计算学术研讨会后,李凤华、李晖等对隐私计算理论体系进行了深入研究,李凤华、李晖、贾焰、俞能海、翁健于 2016 年 4 月在《通信学报》上发表了题为《隐私计算研究范畴及发展趋势》的学术论文,这是在国内外首次公开发表的隐私计算定义和研究范畴。

4. 隐私计算研究成果被列入中国密码学发展报告

2016 年，隐私计算的研究成果被列入由中国密码学会组编的《中国密码学发展报告（2016—2017）》的 4 项年度成果之一。

5. 持续组织隐私计算学术研讨会

2016 年 7 月 23 日至 26 日，第二届隐私计算学术研讨会在山东省青岛市黄海饭店举行，李凤华作题为《隐私计算：面向信息交换的隐私保护》的学术报告。图 2 为第二届隐私计算学术研讨会留影。

图 2　第二届隐私计算学术研讨会留影

从第三届开始，隐私计算学术研讨会改为国际学术研讨会。2017 年 11 月 30 日至 12 月 3 日在澳大利亚墨尔本 Novotel Melbourne St Kilda 酒店举办了第三届隐私计算国际学术研讨会，李凤华作题为 *Privacy Computing Theory for Full Lifecycle Information Protection* 的学术报告（如图 3 所示）。

图 3　第三届隐私计算国际学术研讨会

2018年8月6日至9日，在德国莱茵河畔小镇博帕德Mercure Hotel Hagen酒店举办了第四届隐私计算国际学术研讨会，李凤华作题为 *Privacy Computing: Concept, Computing Framework and Future Development Trends* 的学术报告（如图4所示）。

图4　第四届隐私计算国际学术研讨会

2019年8月19日至21日，在英国肯特大学举办了第五届隐私计算国际学术研讨会，李凤华作题为 *Privacy Computing: Concept, Computing Framework and Future Development Trends* 的学术报告（如图5所示）。

图5　第五届隐私计算国际学术研讨会

受新冠肺炎疫情影响，第六届隐私计算国际学术研讨会改为国内线下组织、国外专家视频会议参与，并于2020年10月16日至19日在海南省陵水市阿罗哈酒店举办,李凤华作题为《隐私计算及其研究范畴》的学术报告(如图6所示)。

图6 第六届隐私计算国际学术研讨会

6. 持续推进隐私计算的学术研究

李凤华等在 IEEE INFOCOM 2019 会议上发表了 *HideMe: Privacy-Preserving Photo Sharing on Social Networks* 的学术论文,将隐私计算的延伸控制应用于社交照片受控分享。

2019 年 3 月 19 日,李凤华、李晖、牛犇等完成的隐私计算英文完整版 *Privacy Computing: Concept, Computing Framework and Future Development Trends* 被中国工程院院刊 *Engineering* 录用,并于 2019 年 9 月 6 日在线发表。

隐私计算研究得到了国家科技部支持,西安电子科技大学、中国科学院信息工程研究所、哈尔滨工业大学深圳研究生院、中国人民解放军国防科学技术大学、中国科学技术大学、暨南大学等单位联合申请获批国家重点研发计划项目"互联网下的隐私保护与取证技术(2017.07—2020.12)",并专门设置课题——"互联网环境下隐私计算基础理论与验证"。

隐私计算研究得到了国家自然科学基金委支持,李晖和李凤华成功申请获批国家自然科学基金重点项目"面向社交媒体大数据隐私保护和安全共享的隐私计算理论与技术研究(2020.01—2024.12)"。

7. 持续宣传并推动隐私计算的学术研究

2018 年 7 月 26 日,李凤华在陕西省西安市举办的中国中文信息学会大数据安全与隐私保护专业委员会成立大会暨第二届网络空间安全学术前沿与学科建设研讨会上作题为《隐私计算：概念、计算框架和未来发展趋势》的特邀报告。图 7 为参会代表留影。

图 7　大数据安全与隐私保护专业委员会成立大会留影

2018 年 10 月 14 日，李凤华在辽宁省大连市举办的第三十五届全国数据库学术会议（NDBC 2018）上作题为《隐私计算：概念、计算框架及其未来发展趋势》的学术报告。

2019 年 5 月 18 日，李凤华在四川省成都市举办的 2019 年 ACM 中国图灵大会人工智能与安全专题研讨会上作题为《隐私计算：理论、计算框架及其未来发展趋势》的学术报告。

2019 年 7 月 13 日，李凤华在甘肃省兰州市举办的第二届大数据安全与隐私保护学术会议上作题为《隐私计算：理论、计算框架及其未来发展趋势》的特邀报告。图 8 为参会代表留影。

图 8　第二届大数据安全与隐私保护学术会议留影

2020 年 10 月 30 日，李凤华在湖北省武汉市举办的第三届大数据安全与隐私计算学术会议上作题为《隐私计算及其研究范畴》的特邀报告。图 9 为参会代表留影。

图 9 第三届大数据安全与隐私计算学术会议留影

2020 年 11 月 8 日，李晖在天津举办的第四届网络空间安全学术前沿与学科建设研讨会上作题为《隐私计算及其研究范畴》的学术报告。

2020 年 11 月 21 日，李凤华在浙江省杭州市举办的 CCF ADL 111 数据安全与隐私前沿讲座上作题为《隐私计算及未来发展方向》的学术报告。

一个新的理论从创立到得到社会各界认可，往往需要较长的时间，克服各种困难，不断迭代演进，逐步发展完善，隐私计算还需要做大量的理论和技术探索研究。本书作者本想保持学术定力和潜心研究决心，待到隐私计算"十年磨一剑"发展完善后再著书出版，无奈个别机构蹭"隐私计算"热度，混淆了"隐私计算"的概念，内容偏离作者倡导的研究范畴。在隐私保护学术研究"急于求成、甚嚣尘上"之时，作为隐私计算的提出者，作者基于个人信息保护的使命感、责任感，深感有必要早日出版本书，以引导和促进隐私计算的理论研究与应用。希望读者一起积极推动隐私计算的持续研究，让我们携手"守护隐私、造福社会"。

作者简介

李凤华，中国科学院信息工程研究所二级研究员、中国科学院特聘研究员、博士生导师，中国科学院"百人计划"学者；国务院学位委员会网络空间安全学科评议组成员，国家科技创新 2030 重大项目某安全防护系统总体总师，国家重点研发计划项目负责人、国家 863 计划主题项目首席专家、NSFC- 通用联合基金重点项目负责人，国家科技创新 2030"大数据重大工程"立项论证和实施方案编写专家，中国网络空间安全协会理事，中国中文信息学会大数据安全与隐私计算专业委员会主任，中国通信学会理事、中国通信学会学术工作委员会委员，《网络与信息安全学报》执行主编等；获 2018 年网络安全优秀人才奖、2001 年国务院政府特殊津贴，获省部级科技进步（或技术发明）一等奖 5 项、二等奖 3 项。长期从事网络与系统安全、隐私计算、数据安全等方面的研究工作，近年来先后承担了国家自然科学基金重点、国家重点研发计划、国家 863 计划主题等项目 30 余项。在 IEEE TMC、TIFS、INFOCOM 等国内外期刊或国际会议上发表学术论文 100 余篇，获发明专利授权 30 余项。

李晖，西安电子科技大学二级教授、博士生导师；国家重点研发计划项目负责人、国家自然科学基金重点项目负责人，中国密码学会理事，中国中文信息学会大数据安全与隐私计算专业委员会副主任，中国人工智能学会人工智能安全专业委员会副主任，《网络与信息安全学报》副主编等；获 2017 年网络安全优秀教师奖、2014 年国务院政府特殊津贴，获省部级科技进步（或技术发明）一等奖 3 项、二等奖 3 项。长期从事密码学、隐私计算、数据安全、信息论等方面的研究工作，近年来先后承担了国家自然科学基金重点、国家重点研发计划等项目 20 余项。在 IEEE TDSC、TIFS、INFOCOM 等国内外期刊或国际会议上发表学术论文 200 余篇，获发明专利授权 20 余项。

牛犇，中国科学院信息工程研究所副研究员，入选 2018 年度中国科学院"青年促进创新会"，担任中国中文信息学会大数据安全与隐私计算专业委员会、网络空间大搜索专业委员会委员，《网络与信息安全学报》编委。主要从事网络安全防护、隐私计算等方面的研究工作，近年来先后承担了国家重点研发计划、国家 863 计划主题、国家自然科学基金重点 / 面上等项目 10 余项。在 IEEE TMC、TDSC、INFOCOM 等国内外期刊或国际会议上发表学术论文 60 余篇，获发明专利授权 10 余项。